Monographien zur Chemischen Apparatur
Herausgegeben von Dr. A. J. Kieser
=== Heft 2 ===

Die drehbare Trockentrommel für ununterbrochenen Betrieb

Von

Dr.-Ing. H. Jordan
Berlin-Zehlendorf

Mit 25 Abbildungen

(Sonderdruck aus „Chemische Apparatur" 1920)

Springer-Verlag Berlin Heidelberg GmbH
1920

ISBN 978-3-662-33687-8   ISBN 978-3-662-34085-1 (eBook)
DOI 10.1007/978-3-662-34085-1

© Springer-Verlag Berlin Heidelberg 1920
Ursprünglich erschienen bei Otto Spamer, Leipzig 1920

Vorwort.

Bis vor wenigen Jahren widmete man in der technischen Literatur der Trocknungstechnik nur geringe Aufmerksamkeit.

Wenn hierin in letzter Zeit auch eine erfreuliche Änderung eingetreten ist — entsprechend der wachsenden wirtschaftlichen Bedeutung dieses Sondergebietes —, so fehlen doch immer noch literarische Arbeiten, die in Einzeldarstellungen ein einigermaßen abschließendes Bild der einzelnen Trocknertypen geben.

Vorliegende Abhandlung soll nun einen Teil dieser Lücke in der technischen Literatur ausfüllen. Sie bringt eine Monographie der **drehbaren Trockentrommel für ununterbrochenen Betrieb**, einer der wichtigsten Trocknerarten, die unter anderen in der chemischen Industrie die weiteste Verbreitung gefunden hat.

Von theoretischen Erörterungen und damit verknüpften rechnerischen Untersuchungen ist hier Abstand genommen, da wichtige Faktoren der Berechnung von Fall zu Fall sich ändern und auf empirischem Wege, wie durch zeitraubende Beobachtungen und Untersuchungen, hätten ermittelt und berichtigt werden müssen.

Um eine übersichtliche Darstellung zu ermöglichen, wurde der vorhandene umfangreiche Stoff sorgfältig gesichtet, wobei Nebensächliches und für die Praxis Wertloses wenig oder gar keine Beachtung gefunden hat. Die in die Praxis eingeführten Bauarten sind, soweit es der zur Verfügung stehende Raum gestattete, tunlichst eingehend berücksichtigt unter Heranziehung von Angaben aus der Praxis.

Der so erhaltene Stoff ist dann in zwei Hauptgruppen geteilt worden, und zwar in Trommeln mit und solche ohne Unterteilung ihres Trockenraumes in mehrere Abteile. Zur Vermeidung einer allzuweit gehenden Untergruppierung ist bei der Unterbringung der einzelnen Trockner in die verschiedenen Gruppen der Grundsatz befolgt worden: Trockner, welche gleichzeitig Eigentümlichkeiten mehrerer Untergruppen aufweisen, der Untergruppe zuzuteilen, mit der sie nach Ansicht des Verfassers technisch die meiste Ähnlichkeit besitzen.

Im übrigen sei an dieser Stelle allen, insbesondere den Trocknereifirmen, gedankt, die durch wertvolle Angaben zur Vervollkommnung der Abhandlung beigetragen haben.

Berlin-Zehlendorf.   Dr.-Ing. H. Jordan.

Inhaltsverzeichnis.

                                                                                Seite

Einleitung 5
Gruppe A. Drehbare Trockentrommeln, die nicht durch Einbauten in Trockenabteile unterteilt sind:
   a) Trockentrommeln mit Innenbeheizung, und zwar
      1. ohne innere Heizrohre 5
      2. mit inneren Heizrohren 17
         α) die nach dem Trommelinneren Austrittsöffnungen besitzen 17
         β) die nach dem Trommelinneren keine Austrittsöffnungen besitzen 18
   b) Trockentrommeln mit Außen- und Innenbeheizung, und zwar
      1. mit undurchbrochenem Mantel 21
      2. mit durchbrochenem Mantel 23
Gruppe B. Drehbare Trockentrommeln, die durch Einbauten in Trockenabteile geteilt sind:
   a) Trockentrommeln mit einer oder mit mehreren inneren konzentrischen Trommeln 29
   b) Trockentrommeln mit inneren Längsfächern oder Längszellen, auch Fächer- oder Zellentrommeln genannt 34
   c) Trockentrommeln mit zur Trommellängsachse senkrecht stehenden Querwänden 42
Schlußbetrachtung 45

Einleitung.

Als drehbare Trockentrommel für ununterbrochenen Betrieb sind solche schräg oder wagerecht gelagerte Trommeln bezeichnet, deren Inneres das Trockengut während der Trocknung dauernd durchläuft. Die Trommeln besitzen Innen- oder Außenbeheizung, oder auch beide; das Heizmittel wirkt im Gleichstrom oder Gegenstrom mittelbar oder unmittelbar auf das Trockengut ein. Zur Erhöhung der Trockenwirkung ist das Trommelinnere häufig durch Einbauten in mehrere Abteile geteilt und mit Rühr-, Hub- und Fördervorrichtungen für das Trockengut ausgerüstet.

Das Verwendungsgebiet dieser Trocknerart liegt hauptsächlich da, wo es sich um die Trocknung von Massengütern handelt.

Erhebliche Beachtung hat daher die Trockentrommel gefunden zum Trocknen von Baustoffen, wie Kalkstein, Kreide, Mergel, Ton und von Erzeugnissen der chemischen Großindustrie, wie Chlorkalium, Karnallit, Sulfat, Düngesalz u. dgl. Wir finden sie ferner in der Landwirtschaft und ihren Gewerben mit ihren gewaltigen Mengen von Erzeugnissen und Abfallstoffen als Trockner für Getreide, Kartoffeln[1]), Kartoffelkraut, Rübenschnitzel, Rübenblätter, Biertreber, Schlempe, Pülpe u. dgl. mehr.

Die Verwendung der drehbaren Trommel für ununterbrochenen Betrieb beschränkt sich aber nicht auf die genannten Gebiete, sondern in ihr kann mit Vorteil Gut aller Art in den Trockenzustand übergeführt werden.

Gruppe A. Drehbare Trockentrommeln, die nicht durch Einbauten in Trockenabteile unterteilt sind.

a) Trockentrommeln mit Innenbeheizung, und zwar

1. ohne innere Heizrohre.

Zur Beheizung der drehbaren Trockentrommeln verwendet man Heizdampf, Heizluft und Feuergase, die Braunkohlen-, Steinkohlen- oder auch Gasfeuerungen entstammen.

---

[1]) Jordan, Die Kartoffeltrocknung in Deutschland, Dissertation.

Die Wahl des Trockenmittels ist im allgemeinen abhängig von der Beschaffenheit des zu trocknenden Gutes, von den etwa aus anderen Betrieben zur billigen Verfügung stehenden Heizgasen und von der örtlichen Lage der Trockenanstalt. Liegt sie z. B. in Braunkohlen- oder Steinkohlenbezirken, so wird man aus wirtschaftlichen Gründen in erster Linie zu diesen Brennstoffen greifen.

Für Braunkohle kommen meist Schrägrostfeuerungen und für Steinkohlen Planrostfeuerungen in Frage. Bei Feuerungen mit Gas, z. B. mit Gichtgas, ist meistens eine Planrosthilfsfeuerung vorgesehen, auf der während des Betriebes ein kleines Feuer brennt, um bei etwaigem Abreißen der Flamme ein sofortiges Entzünden des nachströmenden Brenngases zu bewirken. Die Trockengase können sich nun durch die Trockentrommel entweder im Gegenstrom oder im Gleichstrom zur Bewegungsrichtung des Trockengutes bewegen. Beide Beheizungsarten sind heute in Anwendung, da jede ihre besonderen Vorzüge und Nachteile hat. Es dürfte jedoch feststehen, daß für klebriges, an den Trommelwänden leicht anbackendes Gut der Gleichstrom mit seiner das Frischgut äußerlich schnell trocknenden Wirkung am Platze ist.

Die Gegenstromheizung findet sich bereits bei einer Trommelanlage, die den Gegenstand einer der ersten Erfindungen bildet, die nach Inkrafttreten des Deutschen Patentgesetzes als Deutsches Reichspatent Nr. 88 vom 1. August 1877 patentiert ist. Diese Trommel sollte in erster Linie zum Trocknen von Braunkohle zur Herstellung von Briketts dienen.

Wenn auch diese Trommelanlage wohl kaum mehr ausgeführt wird, so dürfte doch deren Bauart nicht ohne Interesse sein.

Die fragliche Trommelanlage besteht aus drei nebeneinanderliegenden schräggelagerten Trommeln, die genügend Trockenkohle für eine Brikettpresse liefern sollen. Das zu trocknende Gut wird durch ein Hebewerk einer Schnecke zugeführt, die es durch regelbare Einlaufrohre den einzelnen Trommeln zuteilt. Die Trommeln weisen am Umfange Längsleisten auf, die beim Aufwärtsgehen während der Drehung der Trommel das Gut hochheben und beim Abwärtsgehen herunterrieseln lassen, damit die zu trocknende Kohle der austrocknenden Luft eine möglichst große Verdunstungsfläche darbietet. Über die Bauart der Leisten sind in der Patentschrift keinerlei Angaben gemacht. Es ist daher wohl anzunehmen, daß es sich um die allgemein üblichen, am Trommelmantel befestigten und in die Trommel radial hineinragenden Hubleisten handelt. Das Drehen der schrägliegenden Trommeln geschieht von einer Transmissionswelle aus mittels Kegelrädern, die auf den Trommelachsen sitzen. Infolge der Drehung und Schräglagerung der Trommeln durchwandert das Gut allmählich die Trommeln von einem zum anderen Ende, um schließlich in einen Rumpf und in die darunter angebrachte Brikettpresse zu fallen. Entgegen der Wanderrichtung der Kohle durch die Trommeln ziehen Heizgase, die aus einem Gemisch von Kesselabgasen und Luft bestehen. Die Luft wird dem Kesselabgaskanal durch eine regelbare Öffnung zugeleitet. Auf diese Weise ist eine leichte Temperaturregelung der Trockengase, verbunden mit einer Funken- und rauchverzehrenden Wirkung ermöglicht. Ein Drahtsieb im Kesselabgaskanal sorgt für gute Mischung der Gase und für Ausscheidung etwa mitgerissener Funken aus den Trockengasen vor Eintritt in die Trommeln. Die mit Feuchtigkeit aus dem Trockengut beladenen Trockengase werden nach Verlassen der Trommeln von einem Schornstein aufgenommen.

Aus Vorstehendem erhellt, daß die erste in der deutschen Patentliteratur erwähnte Trockentrommelanlage schon eine ziemliche Vollkommenheit besaß und Eigentümlichkeiten aufwies, denen wir jetzt noch bei den modernsten Trommelanlagen begegnen. Andererseits läßt sie auch Mängel erkennen, welche eine moderne Trommelanlage nicht mehr enthalten darf. Vor allem entbehrt sie jeglicher Möglichkeit, die Fördergeschwindigkeit des Trockengutes innerhalb der Trockentrommeln irgendwie zu regeln.

Die Nachteile dieses Mangels springen ohne weiteres in die Augen. Vor allen Dingen macht er sich dann unangenehm bemerkbar, wenn es sich um empfindliches und leicht brennbares Trockengut handelt, dessen Aufenthaltsdauer in der Trockentrommel entsprechend seiner jeweiligen Beschaffenheit zu bemessen ist. Zur Abstellung dieses Mangels teilte man die Trommel in ihrer Längsrichtung in mehrere, einzeln für sich drehbare Abschnitte, um es zu ermöglichen, das Gut längere oder kürzere Zeit den durch die Trommel ziehenden Heizgasen in den einzelnen Trommelabschnitten auszusetzen.

Ein anderer Vorschlag, der nach Mitteilungen von G. Polysius, Eisengießerei und Maschinenfabrik in Dessau, vielfach, besonders in der Zementindustrie, praktisch Verwendung gefunden hat, geht dahin, eine wechselnde Fördergeschwindigkeit des Gutes in den einzelnen Trommelabteilen dadurch herbeizuführen, daß, wie Abb. 1 zeigt, die einzelnen Trommelabschnitte, teils zylindrisch, teils kegelig gestaltet sind. Durch die Zone a, die Beschickungszone, wird das Gut zwecks Verhütung einer Stauung schnell in das Trommelinnere gefördert. In der darauffolgenden Zone b wandert das Gut langsamer und in der dritten Zone c, in der der eigentliche Trockenvorgang sich abspielen soll, wird das Gut gestaut und verweilt hier am längsten. Die letzte Zone d, die Kühl- und Entleerungszone, beschleunigt wieder durch ihre Gestaltung die Fördergeschwindigkeit des Gutes. Handelt es sich hierbei um Gut, das einer hohen Temperatur unterworfen werden muß, so daß leicht eine Beschädigung des Trommelkörpers eintreten kann, so versieht man ihn innen mit einem Futter, das in den verschiedenen Trommelabschnitten verschiedene Stärke besitzt. Kegelartige Übergangsflächen sorgen für eine Beschleunigung oder Verlangsamung der Fördergeschwindigkeit des Gutes. Unter Umständen kann das Futter stellenweise ganz fehlen, z. B. an den dem Eintritt der Heizgase entfernt liegenden Trommelteilen, die weniger stark beheizt werden. Es können auf diese Weise ohne besondere Schwierigkeiten in der Trommel beliebig viele kegelige oder zylindrische Abstufungen hergestellt werden, die eine wechselnde Fördergeschwindigkeit des Gutes unabhängig von der Drehgeschwindigkeit der Trommel gewährleisten.

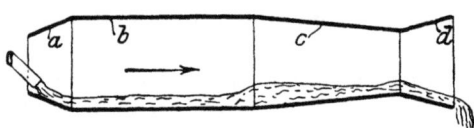

Abb. 1. Trockentrommel von Polysius.

Eine nicht geringe Bedeutung ist zweifellos den verstellbaren Fördervorrichtungen in der Trommel beizumessen, die der jeweiligen Beschaffenheit des Gutes entsprechend eingestellt werden könnzn. U. a. hat man am Trommelmantel innen kurze Hubschaufeln reihenweise hintereinander angebracht, die auf radial zur Mantelfläche stehenden Bolzen sitzen. Die Bolzen gehen durch den Trommelmantel hindurch und sind von außen feststellbar und drehbar. Mit ihrer Hilfe ist es möglich, zwecks Regelung der Vorschubgeschwindigkeit des Gutes die Schaufeln mehr oder weniger schräg zur Trommelachse einzustellen.

Ferner hat man in der Trommel an einer in der Längsachse der Trommel verlaufenden feststehenden Stange eine

Trockentrommel mit Innenbeheizung.

Gruppe von Platten drehbar eingebaut, die parallel zueinander und schräg zur Trommelachse verlaufen und von außen durch eine gemeinsame Stange in ihrer Neigung verstellbar sind. Hubschaufeln heben das Gut empor, schütten es über die Platten und fördern es je nach der Schrägstellung der Platten langsamer oder schneller durch die Trommel.

Eine von der Maschinenfabrik G. Sauerbrey in Staßfurt gebaute Aufhaltevorrichtung in Trockentrommeln bedeutet demgegenüber insofern einen Fortschritt, als zwei Gruppen von verstellbaren Schrägplatten oder Klappen vorgesehen sind, von denen je zwei aufeinanderfolgende Klappen eine Kammer bilden.

Eine Trommel mit dieser Einrichtung ist in Abb. 2 in einem Längs- und Querschnitt dargestellt. Sie arbeitet nach Angaben der Maschinenfabrik G. Sauerbrey in folgender Weise.

Die in bekannter Weise auf Rollen gelagerte Trommel wird von den Heizgasen im Gleichstrom zur Bewegungsrichtung des Gutes durchzogen. Hubschaufeln heben das Gut empor und schütten es wieder aus. Im Innern der Trommel befindet sich eine verstellbare Aufhaltevorrichtung, die es ermöglicht, das zu trocknende Gut beliebig längere oder kürzere Zeit in der Trommel aufzu-

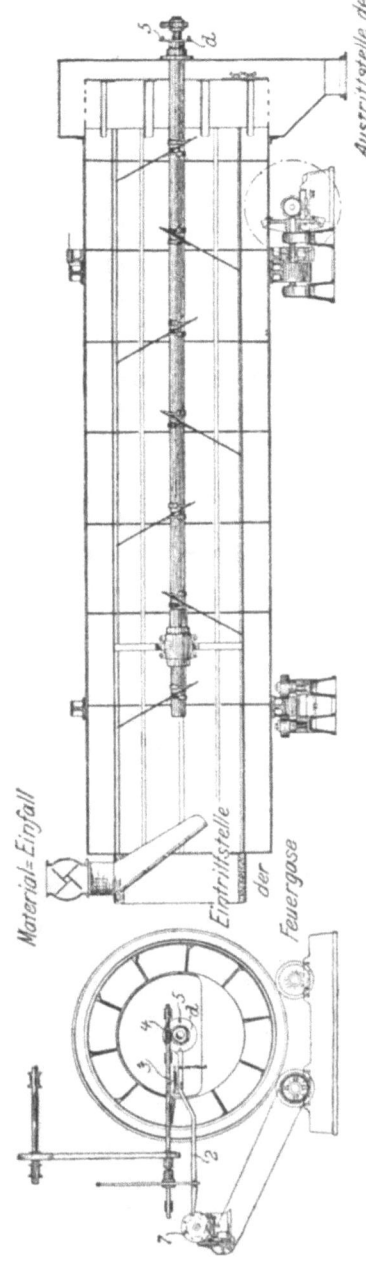

Abb. 2. Trommeltrockner der Maschinenfabrik Sauerbrey.

halten, wodurch lange Trockendauer bei großer Trommelfüllung erreicht wird. Die Aufhaltevorrichtung besteht aus einem Mittelrohr, welches mittels Kugellagern in der Trommelmitte gestützt wird. Die Lager drehen sich mit der Trommel, während die Achse im allgemeinen feststeht. Das der größten Hitze am meisten ausgesetzte Kugellager wird mit Wasser gekühlt. Das Mittelrohr ist, wie in der Zeichnung veranschaulicht ist, mit schräggestellten Blechtafeln besetzt, die immer abwechselnd geneigt gegen die Senkrechte stehen, so daß eine Anzahl von Kammern gebildet wird. Bei der Drehung der Trommel nehmen die Schaufeln das Gut mit in die Höhe und werfen es durch die ganze Trommelhöhe wieder nach unten, wobei es mit dem heißen Luftstrom innig in Berührung kommt, während die Blechwände einen Vorschub in Richtung des Luftstromes so lange verhindern, bis der Vorschub erfolgen soll. Die ganz feinen Trockenteilchen gehen mit dem Luftstrom über die Bleche und werden im Staubabscheider abgeschieden.

Durch eine einfache Vorrichtung am Ausfallende der Trommel wird nun die Achse mit den Blechwänden in gewissen Zeitabschnitten, die von 1—20 Minuten ganz nach Belieben eingestellt werden können, selbsttätig um 180° gedreht. Durch die Schräglage der auf der Trommelachse sitzenden Blechplatten wird ein allmählicher Vorschub des Trockengutes nach dem Ausfallende hin bewirkt. Die Schräglage dieser Blechplatten, die abwechselnd oben und unten einen größeren Kreisabschnitt für den Durchgang der Heizgase freilassen, hat zugleich zur Folge, daß die heißen Feuergase abwechselnd von oben nach unten in der Trommel geführt werden, und so mit dem stets in großer Menge herabfallenden Gut immer wieder von neuem in Berührung gebracht werden. Ein Entweichen der Feuergase seitlich neben den Blechplatten wird durch entsprechend eingesetzte Blechringe verhindert. Durch diese Einrichtung soll es erreicht worden sein, daß die Kohlen mit etwa 80% ausgenutzt werden. Die Ausgangstemperatur der Gase beträgt 90 bis 100°.

Die Aufenthaltsdauer des Gutes in der Trommel läßt sich ohne weiteres durch einige Handgriffe mittels der Aufhalteeinrichtung während des Betriebes regeln, so daß man es jederzeit in der Hand hat, den Endwassergehalt des Gutes nach Belieben zu erhöhen oder herabzusetzen.

Diese Trommeln können fahrbar oder ortsfest sein.

Wichtig sind auch die zum fortschreitenden Zerkleinern

und Aufbrechen besonders von stückigen Stoffen innerhalb der Trommel befindlichen Einrichtungen.

Bei Gleichstrom von Gut und Trockengasen ist es manchmal zweckmäßig, das Gut anfangs möglichst wenig zu zerkleinern, um sein Verbrennen zu verhindern. Eine Zerkleinerung ist deshalb erst späterhin im Trommelinnern geboten, wo die Hitzewirkung schwächer geworden ist. Deshalb läßt man die Zahl der am Mantel befindlichen Rippen mit Spitzen vom Trommeleintrittsende nach dem Austrittsende hin stetig zunehmen.

Zur Zerkleinerung und Förderung von schlammigen Massen, z. B. von Klärschlamm, ist es nach Haas zweckmäßig, solange die Masse noch sehr feucht ist, keine Schaufeln oder Becher zu verwenden, sondern die Trommel innen am Einlaufende mit schmalen Spitzen zu besetzen. Diese können bei Drehung der Trommel keine größeren Mengen Schlamm mitnehmen, sondern zerteilen kammartig den Schlamm und heben nur die gallertartigen Bestandteile mit hoch. Diese Bestandteile und die von den Spitzen abtropfenden Gutteile verlieren unter dem Einfluß der sie bestreichenden Heizgase einen großen Teil ihrer Feuchtigkeit. Die Trocknung des Schlammes ist allmählich soweit fortgeschritten, daß keine feuchten Teile mehr an den Spitzen hängen bleiben. Es haben deshalb die Spitzen in der folgenden Trommelzone allmählich breiter werdende Grundflächen zum Aufnehmen des Gutes erhalten. In dem letzten Trommelabschnitt sind die Spitzen durch die bekannten becherartigen Schaufeln ersetzt, die das Gesamtgut hochheben und es durch den im Gegenstrom zur Gutbewegung strömenden Trockengasstrom fallen lassen, der es schnell fertig trocknet.

Um eine gleichmäßige Strömung des Gutes über den ganzen Trommelquerschnitt herbeizuführen, ordnet Haas mit Vorliebe die Schaufeln so an, daß die einzelnen Becher jedes Trommelquerschnittes verschiedene Neigung besitzen. Außerdem rüstet er seine Trommeln meistens am Ein- und Auslaufende mit besonderen Dichtungsringen aus, die das Hinzutreten von falscher Luft und das Austreten von schädlichen und übelriechenden Gasen verhindern sollen.

Dem beim Trocknen von schlammigen, klebenden Stoffen häufig auftretenden Übelstande des Festklebens des Gutes an der Trommelwand sucht die Firma Petry & Hecking, Dortmund bei ihren Trommeln dadurch vorzubeugen, daß sie im vorderen Trommelabschnitt keine ein Anhaften des Gutes begünstigenden, feststehenden Ecken und Winkel bildenden Teile anbringt. Zur Fortbewegung des Gutes im Vorderteil der Trommel werden einerseits am Kopfende der Trommel, andererseits an den im Trommelinnern befindlichen Fördervorrichtungen Schleppketten derart befestigt, daß sie schräg zur Längsachse der Trommel verlaufen. Sie bewirken während der Trommeldrehung einen Vorschub des Gutes, gleiten am Trommelboden und reinigen die Trommelwand. Am Ende der Ketten erfassen die bekannten Hubleisten das Gut und fördern es durch die Trommel.

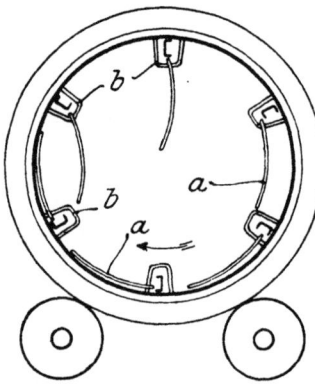

Abb. 3. Trommel der Maschinenbauanstalt Humboldt.

Derselbe Zweck wird mit einer Einrichtung der Maschinenbauanstalt Humboldt, Köln-Kalk, verfolgt, die in Abb. 3 dargestellt und mehrfach zur Ausführung gelangt ist. Um eine durch Anhaften des Gutes am Trommelmantel entstehende Schichtenbildung zu verhüten, die besonders im ersten Trommelabschnitt leicht eintritt, ist der vordere Teil der Trommel mit klappbaren Abwurfplatten a ausgerüstet, die durch Bügel b mit dem Trommelmantel verbunden sind. Dreht sich die Trommel in der Pfeilrichtung, so schlägt nach etwa einer Vierteldrehung der Trommel die Klappe a infolge ihres Eigengewichtes um den Bügel b herum und wirft hierbei das auf ihr liegende Gut ab. Nach einer vollen Trommelumdrehung ist die Klappe wieder in ihre ursprüngliche Lage zurückgekehrt und kann von neuem ihre Arbeit beginnen.

Die mit dieser Einrichtung versehenen Trommeln sind insbesondere zum Trocknen von tonigem Gut bestimmt.

Die Trommel liefert stündlich ungefähr 7—$8^1/_2$ t trockenes Gut. Der Feuchtigkeitsgehalt des Gutes beträgt vor der Aufgabe ca. 20% und nach dem Auslauf ca. 6—8%. Mit $6^1/_2$—7 kg Kohle mittlerer Qualität wird 1 kg Wasser verdampft.

Um ein Festhaften der weicheren Teile von zu trocknenden Grünfuttermitteln, die aus gröberen und festeren Stücken, wie Blattrippen und Wurzeln, und aus dünnen und weichen Teilen der Blätter bestehen, beim Trocknen in Trommeln zu verhüten, unterwirft die schon genannte Maschinenfabrik Petry & Hecking das Gut vor der Trocknung einer besonderen Zerkleinerung. Der erstrebte Zweck ist, ein Gemisch zu erhalten, das aus kleinen Stücken der festeren Bestandteile und aus den völlig zerdrückten, breiförmigen oder flüssigen weicheren Teilen besteht. Das Futtermittel wird deshalb zwecks Umwandlung in die gewünschte Körperform einem der Trommel unmittelbar vorgeschalteten Zylinder zugeführt, in dem es von einer Förderschnecke kräftig gegen und durch eine im Zylinderauslaß durchlochte feste Wand gepreßt wird. Hierbei werden die weichen Blatteile zu Brei zerquetscht, die festeren Teile aber in die Durchlochungen der festen Wand gedrückt und durch unmittelbar vor dieser Wand mit der Schneckenwelle sich drehende Messer in kleine Stücke zerschnitten. Dieses Gemisch fällt dann unmittelbar in eine Trommel herab, in der es, ohne zu verkohlen und zu verbrennen, hohen Anfangstemperaturen ausgesetzt werden kann, und die es im Gleichstrom mit den Heizgasen durchwandert. Die Herstellung dieses Gemisches geschieht, wie angegeben, außer zu dem oben genannten noch zu dem weiteren Zwecke, die Feuchtigkeit an die Oberfläche der Stücke zu bringen, während des Trocknens eine Auflockerung des gesamten Gemisches herbeizuführen und die Anwendung hoher Anfangstemperaturen von mehreren 100° C zu ermöglichen.

Dieses Verfahren ist u. a. auch mit Vorteil zur Herstellung eines Trockenfutters aus Zuckerrüben, Futterrüben u. dgl. verwendet worden.

Ist zu befürchten, daß das getrocknete Gut in zusammengeballter Form die Trockentrommel verläßt, so baut man nicht selten eine Zerkleinerungsvorrichtung im letzten Trommelabschnitt ein.

Merz bringt z. B. in dem Zerkleinerungsabschnitt eine am Umfang gerippte und an ihrer Stirnseite gezahnte Walze an, die um eine wagerechte Welle schwingt und in Richtung der Trommelachse verschiebbar ist. Indem die Walze bei Drehung der Trommel sich auf den inneren Trommelumfang abrollt und die gezahnte Walzenstirnfläche gegen ein Innensieb der Trommel reibt, wird das zwischen die Zerkleinerungsvorrichtung, den Trommelumfang und das Trommelsieb gelangende Gut zerkleinert.

Von nicht zu unterschätzender Tragweite für die Wirtschaftlichkeit der Trommelanlagen sind die Maßnahmen und

Einrichtungen, die sich auf die besondere **Führung der Heizgase durch die Trommel beziehen.**

Der Gedanke, die Heizgase zwecks höchster Ausnutzung der in ihnen enthaltenen Wärmemenge wiederholt durch die Trockentrommel zu führen, ist fast ausnahmslos bei den zahlreichen Trockentrommeln der Firma Moeller & Pfeifer, Berlin zur Anwendung gebracht.

Ein Beispiel hierfür ist die in Abb. 4 dargestellte Trommelanlage. Bei dieser Anlage wird ein Teil der die Trommel verlassenden Heizgase, die aus der Feuerung b stammen, mittels eines Ventilators d durch einen Rücklaufkanal c wieder in die Trommel zurückgeführt. Vor Eintritt in die

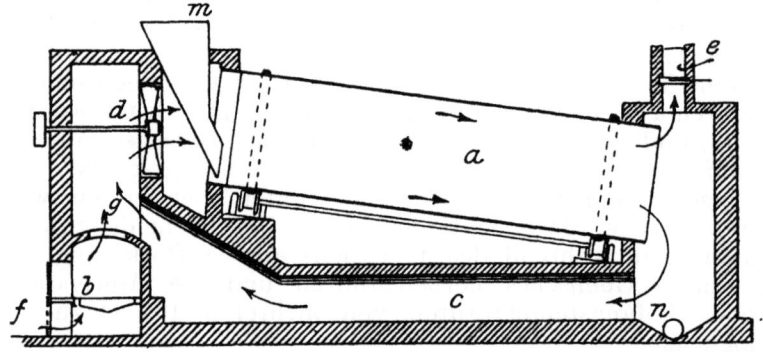

Abb. 4. Trommel von Moeller & Pfeifer.

Trommel werden ihnen frische, aus der Feuerung b kommende Feuergase zugemischt. Durch das Mischen der Frischgase mit einem Teil der Trockenabgase kann der Feuchtigkeitsgehalt und die Temperatur der in die Trommel eintretenden Feuergase geregelt werden. Schieber e und f regeln die Mischgase bei g. Je weiter beide Schieber geöffnet sind, desto mehr Abgase entweichen, desto mehr Feuergase mischen sich den im Kreislauf sich bewegenden Gasen bei und desto höher steigt infolgedessen die Temperatur im Trockner. Der nicht in die Trommel zurückgeführte Teil der Abgase wird zwecks Abgabe ihrer freien und latenten Wärme durch eine Röhrengruppe geführt. Die Röhrengruppe wird von einem Luftstrom umspült, der sich hierbei erhitzt und dann als Verbrennungs- oder Trockenluft verwendet werden kann. Bei anderen Moeller & Pfeiferschen Trommelanlagen mit Rücklaufkanal für einen Teil der

Trocknerabgase wird das aus einem Beschickungstrichter herauskommende Trockengut von einem unter Druck stehenden Trockengasstrom, der aus Feuergasen oder aus erhitzter Luft oder aus einem Gemisch beider bestehen kann, erfaßt und in die Trockentrommel geschleudert. Bei diesem Vorgang tritt eine umfassende Berührung der heißen Trockengase mit den Gutteilen ein und infolgedessen eine schnelle Verdampfung der Gutfeuchtigkeit. Das Gut fällt getrocknet nieder und wird aus dem Trockner geschafft, während die Trockengase aus dem Trockner entweichen und zum Teil zu dem Gebläse zurückkehren, das die Trockengase in die Trommel bläst.

Beachtenswert ist noch ein Vorschlag von der genannten Firma, bei Trommelanlagen mit wiederholter Führung des Trockenmittels durch die Trockentrommel als Trockenmittel **überhitzten Wasserdampf** zu benutzen, der nicht, wie sonst üblich, aus einer Quelle außerhalb der Trommelanlage stammt, sondern aus dem Trockengut selbst. Er wird dadurch erzeugt, daß von außerhalb mittelbar durch die Trommelwände auf das feuchte Gut einwirkende Feuergase die Feuchtigkeit aus dem Gut austreiben. Der entstehende Dampf wird dann von einem Exhaustor aus der Trommel abgesaugt und durch einen Überhitzer mit anschließendem Rücklaufkanal der Trommel wieder zugeführt. In der Trommel, die luftdicht nach außen hin abgeschlossen ist, kommt der überhitzte Dampf unmittelbar mit dem Gut in Berührung und entzieht ihm durch Wärmeabgabe Feuchtigkeit. Die nach mehrmaligem Durchziehen der Trommel nahezu gesättigten Gase werden an einer beliebigen Stelle abgeleitet und ihre freie und latente Wärme wird gegebenenfalls noch zu beliebig anderen technischen Zwecken benutzt.

In manchen Trockentrommeln finden sich scheibenartig oder ähnlich gestaltete Vorrichtungen, die den Heizgasen zwecks ihrer ausgiebigen Ausnützung einen bestimmten Weg in der Trommel anweisen.

So sind z. B. nach Gotsche senkrecht auf einer in der Längsrichtung der Trommel sich erstreckenden Stange mehrere Scheiben hintereinander lose angebracht, die durch einseitige Beschwerung an einer Drehung gehindert sind. Sie füllen den Querschnitt der Trommel so aus, daß sie den jeweils oberen Teil der Trommel möglichst für den Durchzug der Heizgase abschließen, hingegen den jeweils unteren Trommelteil für den Durchgang des Gutes und der Heizgase freigeben. Die Heizgase werden also veranlaßt, hauptsächlich den Raum der Trommel zu durchziehen, in dem sich das meiste Gut befindet.

Im Gegensatz hierzu sind bei Trommeln, die von Petry & Hecking, Dortmund auf den Markt gebracht werden, Scheidewände an dem Trommelkörper selbst befestigt, die sich mit der Trommel umdrehen. Sie besitzen die Größe des halben Trommelquerschnitts. Mehrere von ihnen sind hintereinander wechselseitig im mittleren Trommelabschnitt quer zur Trommelachse eingesetzt. Die Scheidewände haben hier den Zweck, den Durchgang der Heizgase und des Trockengutes durch den mittleren Trommelteil, in dem die eigentliche Trocknung stattfindet, zu verlangsamen.

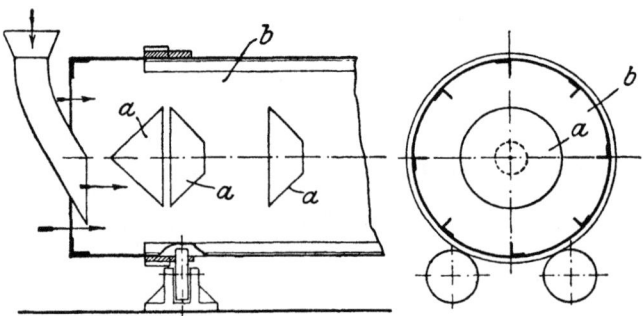

Abb. 5. Trockentrommel von Jabs-Zürich.

Nicht unerwähnt möge an dieser Stelle die drehbare Trockentrommel von Jabs, Zürich bleiben, bei der die scheibenartigen, kegeligen Einbauten sich gleichfalls mit der Trommel drehen, siehe Abb. 5. Mehrere dieser Einbauten a sind hintereinander in achsialer Richtung der Trommel b so angeordnet, daß die Grundflächen der Kegeleinbauten den unter sich gleichgerichteten Bewegungsrichtungen der Heizgase und des Trockengutes zugewendet sind. Hierdurch werden die Heizgase aus dem mittleren Raum, durch den verhältnismäßig wenig Gut fällt, nach dem Trommelumfang abgelenkt und zugleich Gleitflächen zur Vorwärtsbewegung des Gutes in axialer Richtung geschaffen.

2. Trockentrommeln mit inneren Heizrohren, α) die nach dem Inneren Austrittsöffnungen besitzen.

Drehbare Trockentrommeln für ununterbrochenen Betrieb mit inneren Heizrohren haben eine verhältnismäßig geringe Verbreitung in der Praxis gefunden, obwohl ihnen gewisse Vorteile nicht abzusprechen sind. Als Vorteil kommt z. B. der Umstand in Betracht, daß man es bei ihnen in der Hand hat, die Heizgase teils mittelbar auf das Gut einwirken zu lassen, teils unmittelbar, und letzteres nur an bestimmten Stellen in der Trommel. Zweifellos ist dieser Umstand nicht ohne Belang bei der Trocknung mancher Trockengüter. Trommeln der letztgenannten Art weisen meist Gegenstrombeheizung auf. Bei ihnen ragen ein oder mehrere Rohrstücke vom Trommelauslaß her mit ihren offenen Enden mehr oder weniger tief in die Trommel hinein. Um ein Übertreten von Funken mit den Feuergasen in das Trommelinnere zu verhüten, versieht man die Mündung des Heizgasausströmungsrohres mit einem Rohrverlängerungsstück aus Drahtnetz. Das Verlegen der Auslaßöffnungen der Zuführungsrohre tief in die Trommel hinein soll bei empfindlichem und leicht brennbarem Gut, z. B. bei Torf u. a., verhindern, daß sehr heiße Heizgase mit Gut in bereits sehr vorgeschrittenem Trockenzustand in Berührung kommen.

Torf kann man in diesen Trocknern soweit aufschließen, daß die Torffaser zerstört wird und die von ihr energisch festgehaltene Feuchtigkeit freigegeben wird. Es wird zu diesem Zweck den durch eine trichterförmige Einführungsdüse in die Trommel mit ungefähr 400—500° C eintretenden Feuergasen in der Düse auf 250—300° C erhitzter Wasserdampf zugemischt. Dieses geschieht einfach in der Weise, daß in das Feuergaseinführungsrohr ein Wasserdampfrohr gelegt wird, das mit seiner Mündung nach dem Trommelinnern gerichtet ist. Die hohe Temperatur der Feuergase soll in erster Linie ein Herabgehen der zur Aufschließung erforderlichen Temperatur des Wasserdampfes verhüten. Die so vorbereitete Torfmasse gibt dann in den üblichen Trocknern leicht ihre Feuchtigkeit ab, so daß die getrocknete Masse brikettiert werden kann.

Auch besondere Abführungrohre baut man in diese Trommeln ein, die den aus dem Trockengut sich entwickelnden Wrasen an verschiedenen Stellen der Trommel entnehmen und hierdurch ein Niederschlagen der gesättigten Brüden innerhalb der Trommel verhüten.

Eine neuere Trommel von Raßmus, die bereits in der Praxis Aufnahme gefunden hat, ist insofern eigenartig, als sie im Innern mit mehreren mit der Trommel drehbaren, hintereinanderliegenden Rohrbündeln ausgerüstet ist, deren Rohre an beiden Enden offen sind. Die eisernen Rohrbündel, die von den Heizgasen innen und außen umspült werden und ebenso leicht Wärme aufnehmen wie abgeben, sollen als Wärmespeicher dienen. Ihre aufgespeicherte Wärme geben sie an das außen vorübergleitende Trockengut und an das außen vorüberstreichende Trockenmittel ab, dessen Anfangstemperaturen durch Wärmeabgabe an das Trockengut erniedrigt ist. In den Zwischenräumen, die zwischen den einzelnen Rohrbündeln liegen, mischen sich die durch die Rohrbündel ziehenden Heizgase mit den übrigen Trockengasen, deren Temperatur und Feuchtigkeitsaufnahmefähigkeit hierdurch erhöht werden. In dem Mischraum sind von außen verstellbare Fördervorrichtungen vorgesehen, die eine Regelung der Füllung des Trockners ermöglichen. Zwecks schnellerer Reinigung kann die Trockentrommel von einem zweiteiligen aufklappbaren Mantel umgeben sein.

β) **Trockentrommel mit inneren Heizrohren, die nach dem Trommelinneren keine Austrittsöffnungen besitzen.**

Manche Trockengüter, z. B. Kaolin, Ocker und andere Farben, dürfen den Heizgasen ohne Nachteil nicht unmittelbar ausgesetzt werden. Mit Vorteil verwendet man zur Trocknung dieser Stoffe Trommeln mit inneren Heizrohren, die keine Austrittsöffnungen nach dem Trommelinnern hin besitzen.

Bei Trockentrommeln dieser Art ist der innere mittlere Heizkörper nicht immer zylindrisch, sondern z. B. sternförmig. Er kann auch durch eine Anzahl von Dampfrohren ersetzt werden, die sternförmig nebeneinander gelagert sind und auf diese Weise Flächen bilden, auf denen das getrocknete Gut länger als auf dem zylindrischen Heizkörper liegen bleibt und verhältnismäßig schnell trocknet.

Steht bei sich drehender Trommel der Heizkörper fest, so versieht man ihn zweckmäßigerweise oben mit einer dachförmigen Schutzkappe, um zu vermeiden, daß das Trockengut auf den Heizkörper fällt, dort liegen bleibt und unter Umständen anbrennt.

Auch ist es zu empfehlen, den feststehenden Heizkörper oben abzuschrägen und mit schräggestellten Führungsleisten zu versehen, die dem von den Hubschaufeln auf die schräge Oberfläche des Heizkörpers ausgeschütteten Gut eine Vorschubbewegung nach dem Auslaßende des Trockners geben.

Bei manchen Trommeln, deren Innenraum in ihrer Längsrichtung von Dampfrohrsträngen durchzogen ist, tritt der Dampf durch den hohlen Trommelzapfen in einen um die Trommelachse gelagerten Hohlraum der Trommelstirnwand ein. An diese Dampfkammer schließen sich mit ihren Ein-

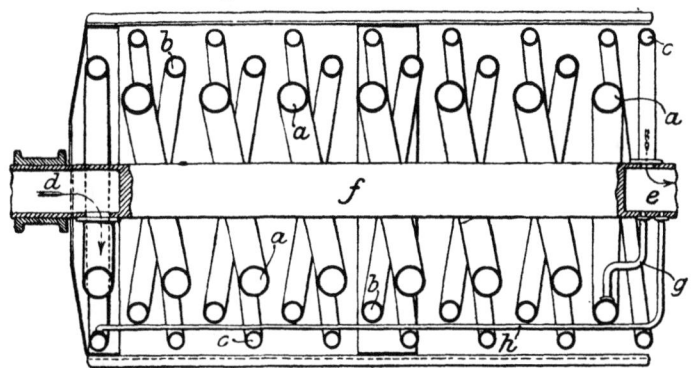

Abb. 6. Schlangenrohrgruppe nach Ellermann.

trittsöffnungen Dampfrohre an, mittels deren der Dampf durch die Trommel hin und wieder zurückgeleitet wird. Neben der genannten Dampfkammer ist noch eine besondere Kammer für den aus dem Dampfraum der Trommel zurückkommenden Abdampf angebracht, in welche Röhren mit ihren Austrittsenden münden. Aus letzterer Kammer strömt der Abdampf durch Kanäle des Trommelzapfens nach außen. Derselbe Trommelzapfen nimmt also die Zu- und Ableitungen für den Heizdampf auf.

Man kann übrigens die Dampfkammern vollständig weglassen und zum Zu- und Ableiten des Heizmittels nur die Trommelhohlachse benützen, die in diesem Falle durch einen senkrechten Steg in zwei Abteile geteilt wird, und zwar in einen für Frisch- und in einen für Abdampf. Die Heizröhren münden dann mit ihrem einen offenen Ende in das eine

2*

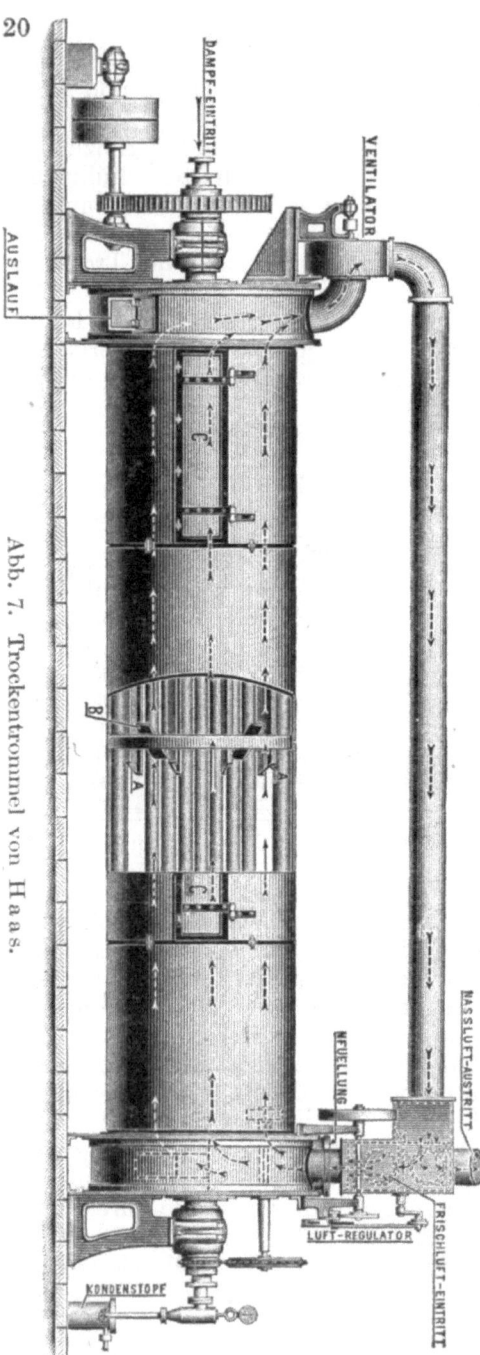

Abb. 7. Trockentrommel von Haas.

und mit dem anderen offenen Ende in das andere Abteil der Trommelachse.

Bei der auch bei Trockentrommeln verwendbaren Heizrohranordnung von Ellermann (Abb. 6) sind Schlangenrohrgruppen a, b und c vorhanden. Die Zuleitung des Heizdampfes geschieht durch den Hohlzapfen d, die Ableitung durch Hohlzapfen e. Die Rohrgruppen sind konzentrisch zur Trommelwelle angeordnet, so daß die Heizgase die einzelnen Rohrgruppen nacheinander durchziehen. Der lichte Durchmesser jeder Rohrgruppe ist verschieden von dem der andern, und zwar nimmt er von der Trommelachse f nach dem Trommelmantel hin ab. Infolge der hierdurch eintretenden Zunahme der Dampfgeschwindigkeit in den äußeren Röhren soll die Trockenwirkung gegenüber konzentrischen Rohrgruppen mit gleichem Durchmesser erhöht werden.

Um ferner ein schnelles Entfernen des Niederschlagswassers aus den verschiedenen Rohrgruppen herbeizuführen, sind an den Übergangsstellen einer weiteren in eine engere Rohrschlange Leitungsrohre g und h angeschlossen, die das in den Heizschlangen sich bildende Niederschlagswasser nach dem Hohlzapfen e leiten.

Bemerkenswert ist eine neuere, gleichfalls mit Dampfröhrenbeheizung ausgerüstete Trockentrommel von Haas, Lennep insofern, als sie, wie Abb. 7 erkennen läßt, einen zeitweisen oder ununterbrochenen Kreislauf der heißen Trockenluft zuläßt. Regelungsvorrichtungen sorgen zu gegebener Zeit für den Abgang der hinreichend mit Feuchtigkeit des Trockengutes angereicherten Trockenluft und für den Zutritt von Frischluft. Die Trommel ist wegen der leichten Regelbarkeit des Feuchtigkeitsgehaltes und der Temperatur des Kreisluftstromes besonders zum Trocknen empfindlicher Stoffe geeignet.

b) **Trockentrommeln mit Außen- und Innenbeheizung, und zwar**

1. **mit undurchbrochenem Mantel.**

Bei Trockentrommeln mit undurchbrochenem Mantel, die außen und innen beheizt werden, ist es zweckmäßig, die Feuergase zur Herbeiführung einer gleichmäßigen Außenbeheizung, bevor sie sich durch die Trommel dem Trockengute entgegen bewegen, in auf- und abwärtssteigenden, vom Beschickungs- nach dem Entleerungsende der Trommel führenden Schlangenzügen um die Trommel herumzuführen.

Verträgt das zu trocknende Gut die unmittelbare Berührung mit bloßen Feuergasen nicht, so sieht man Luftkanäle in der Wand der Feuerung vor, welche erhitzte Luft den Feuergasen oberhalb des Rostes zuführen. Infolge der Regelbarkeit der Luftkanäle kann eine den jeweiligen Trockenzwecken entsprechendes Gemisch von Feuergasen und Luft hergestellt werden.

Soll eine unmittelbare Einwirkung der Feuergase auf das Trockengut im Trommelinnern überhaupt nicht stattfinden und will man trotzdem die Trommel innen und außen beheizen, so benutzt man die Feuergase zwar zur Umspülung der Trommel, läßt sie aber dann nicht in das Trommelinnere eintreten, wohl aber außerhalb der Trommel liegende Rohrgruppen beheizen, welche die sie durchströmende Luft in die Trommel als Trockenmittel senden.

Bei Trommelanlagen der letztgenannten Art bringen

Fellner & Ziegler in Frankfurt a. M., um die Menge der durch die Trommel strömenden Gase regeln zu können (Abb. 8), am Auslaßende der Gase aus der Trommel *A* an der Platte *B* Kniestützen *C* an. Die Mündungen dieser Stutzen im Trommelinnern sind der Drehrichtung der Trommel entgegengekehrt, so daß zwar die Trockengase, aber kein Gut austreten können. Mit einem gelochten, ringförmigen Drehschieber *D* können die Auslässe der Stutzen *C* in der Platte *B* mehr oder weniger verdeckt werden. *E* ist der Beschickungstrichter, *F* der Schornstein.

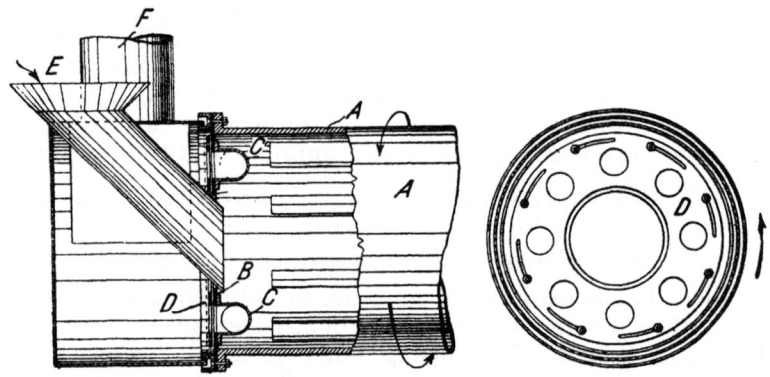

Abb. 8. Trockentrommel von Fellner & Ziegler.

Um die Fördergeschwindigkeit des Trockengutes durch die Trommel regeln zu können, ist die Trommel an einem Ende dadurch in der Höhe verstellbar, daß die beiden Rollenlager an diesem Ende in wagerechter Richtung zueinander verschiebbar sind.

Eine äußerst weit getriebene Ausnützung der vom Brennstoff entwickelten Wärmemenge zeigt eine Trommelanlage von Tischbein.

Bei dieser Trommelanlage findet, wie bei der vorhergehenden, eine Außenheizung der Trommel durch Feuergase und eine unmittelbare Einwirkung von erwärmter Luft auf das Trockengut in der Trommel statt. Außerdem sind aber zur Beheizung des Trockengutes in der Längsachse der Trommel sich erstreckende Heizrohrgruppen vorgesehen, die mit den beiden Hohlzapfen der Trommel in Verbindung stehen. Sie erhalten Heizdampf von einem unterhalb der Trommel liegenden Dampfüberhitzer, der von den Feuergasen, bevor sie die Trommel umspülen, beheizt wird. Der überhitzte Dampf tritt in den einen Trommelzapfen ein, durchzieht die Heizrohrgruppen in der Trommel, gibt hier Wärme ab, verläßt dann die Rohrgruppen durch den anderen Trommelhohlzapfen und wird zwecks Verwertung der in ihm noch vorhandenen Wärme zum Überhitzer zurückgeleitet. Der Heizdampf vollführt also einen stetigen Kreislauf.

Nicht unerwähnt möge hier noch eine Moeller & Pfeifersche Trockenanlage mit Außenbeheizung durch Feuergase bleiben, welche die Eigentümlichkeit besitzt, daß das Trommelinnere durch die freie und latente Wärme der aus dem Trockengut entweichenden feuchten Dämpfe beheizt wird. Die Dämpfe werden an der heißesten Stelle der Trommel in ein Rohr gesaugt, das sich innerhalb der Trommel in der Richtung ihrer Längsachse erstreckt und die feuchten Dämpfe durch den kälteren Teil der Trommel zur mittelbaren Beheizung führt. In dem Rohr schlägt sich hierbei Dampf nieder unter Abgabe seiner freien und latenten Wärme an das Trommelinnere.

2. Trockentrommeln mit durchbrochenem Mantel.

Bei Trockentrommeln mit durchbrochenem Mantel findet, je nach Lage und Anzahl der Durchbrechungen im Mantel, ein mehr oder weniger starkes Außenbeheizen des Trommelmantels von den Heizgasen vor ihrem Eintritt in das Trommelinnere statt.

Zum Trocknen von Samengut, Obst und ähnlichem Gut benutzt man nicht selten Trommeln mit Trommelwänden aus Drahtgewebe oder Lochblechen, die mittels Speichen mit einer gemeinsamen Drehachse verbunden sind. Beim Drehen der Achse wird das Gut, welches das Trommelinnere nicht vollständig ausfüllen darf, von der Trommelwandung selbst oder von Schaufeln emporgehoben und fällt heißen, durch die Trommelmantelöffnungen einströmenden Heizgasströmen entgegen. Der Zweck ist, eine schnelle Trocknung durch stetige Berührung der Trockengutteile mit neuen heißen Trockengasströmen herbeizuführen. Außerdem sollen Unreinlichkeiten und bei gekeimtem Getreide die schwertrocknenden Keime durch die durchbrochenen Wandungen hindurchfallen, also schon während des Trocknens des Gutes in der Trommel selbsttätig entfernt werden.

Um zu vermeiden, daß die durch das Trommelinnere sich bewegenden Brüden unter Umständen ihre Feuchtigkeit auf kühlere Gutteile absetzen, sind häufig im Trommelinneren in achsialer Richtung verlaufende durchlochte Abzugsrohre angebracht, welche die Brüden der einzelnen Trommelabteile aufnehmen und abführen.

Nicht selten ist die mit durchbrochenem Mantel versehene drehbare Trommel von einem feststehenden Heizmantel umgeben. In dem vom Heiz- und Trommelmantel gebildeten Zwischenraum werden Heizgase eingeleitet, die durch die durchlochten Trommelwände und durch das zu trocknende Gut nach einem gelochten Abführrohr entweder gedrückt oder gesaugt werden.

Soll übrigens das Gut zuerst einer hohen Temperatur und dann bis zur vollendeten Trocknung einer allmählich abnehmenden Temperatur ausgesetzt werden, so kann neben der Trommelanlage ein Feuerkanal angebracht werden, dessen Feuergase sich in gleicher Richtung wie das Gut in der Trommel bewegen. Den Feuerkanal durchqueren wagerechte Röhren, welche Luft zu unterhalb der Trommel liegenden Sammelabteilen führen. Je näher die Röhren der Feuerung liegen, je höher werden sie erhitzt. Hiernach wird in den Röhren Trockenluft mit verschiedener, von der Feuerung aus abnehmender Temperatur erzeugt. Aus den Sammelabteilen durchziehen dann die verschieden temperierten Trockengase im wesentlichen von unten nach oben die verschiedenen Trockenstufen des durch die durchlochte Trommel sich bewegenden Trockengutstromes.

Für Trockengut, das bei fortschreitender Trocknung Feingut abscheidet, werden im allgemeinen nur dann Trommeln mit durchbrochenen Mänteln zweckmäßigerweise benützt, wenn eine Siebung des Gutes während der Trocknung gleichzeitig beabsichtigt ist.

Ist dies jedoch nicht der Fall und will man aus gewissen Gründen trotzdem Trommeln mit durchbrochenen Wandungen zum Trocknen von tonigem und sonstigem während der Trocknung kleinkörnige Teile absonderndem Gut gebrauchen, so rüstet man den Trommelmantel mit solchen Durchbrechungen aus, die zwar einem Eintritt der Trockengase, aber keinen Austritt des Trockengutes zulassen. Derartige Durchtrittsöffnungen für die Trockengase werden z. B. in der Weise geschaffen, daß der Trommelmantel aus jalousieartig übereinandergreifenden Längsteilen zusammengesetzt wird, welche Längsschlitze für den Durchtritt der Gase zwischen sich lassen.

Trockentrommel mit Außen- und Innenbeheizung.

Ringartige Durchtrittsschlitze erzeugt man durch Zusammensetzung des Trommelkörpers aus mehreren kegelförmig zulaufenden Trommelabschnitten, von denen jeder in den folgenden so hineinragt, daß an der Stoßstelle ein Ringkanal sich bildet. Die einzelnen Abteile sind durch Profileisen verbunden, welche Öffnungen aufweisen, die den Durchtritt der Trockengase in den Ringkanal und von da in das Trommelinnere gestatten.

Ferner sucht man die genannte Wirkung dadurch zu erreichen, daß man die Trommeln ringsum in beliebigen Abständen mit Öffnungen ausrüstet und über sie in die Trommel hineinragende Röhren anbringt. Die Röhren führen Heizgase von außen in die Trommel, stehen radial zur Trommelachse und ragen soweit in das Trommelinnere, daß bei Drehung der Trommel kein Trockengut in sie hineinfallen kann.

Die Heizgaszuführungsrohre können auch quer durch die ganze Trommel geführt und versetzt zueinander angeordnet sein. In diesem Falle besitzen sie nur an der der Förderrichtung des Gutes abgewandten Seite Durchbrechungen, die durch Schieber überdeckbar sind.

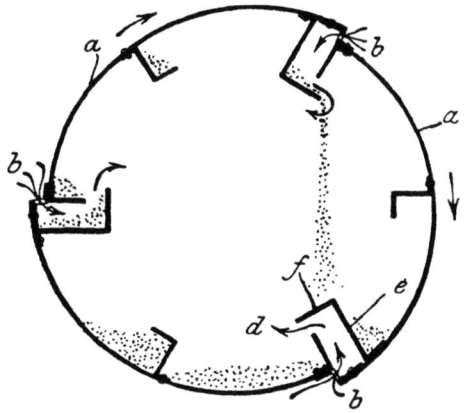

Abb. 9. Trockentrommel von Cummer.

Eine erhebliche Bedeutung ist unter diesen den „Cummer" Trockentrommeln beizumessen, welche verschiedenartige Vorrichtungen am Trommelmantel für den Eintritt der Trockengase besitzen.

So besteht eine in der Abb. 9 dargestellte Trockentrommel von Cummer z. B. aus drei Längsteilen, die segmentartigen Querschnitt besitzen und exzentrisch zur Trommelachse angebracht sind. Zwischen den Längsteilen liegen Längsschlitze b, die sich über die ganze Trommellänge oder nur einen Teil derselben erstrecken. Sie lassen die Feuergase eines die Trommel umgebenden Feuerkanals in das Trommelinnere eintreten. Die Schlitze b sind von einer Kammer umgeben, die von den Winkeleisen d und e geschaffen ist. Die Teile f, die rechtwinklig vom Eisen e abgebogen sind und längs der Trommelachse verlaufen, sollen verhüten, daß Gut von oben in die Kammer fällt und die Öffnung b verstopft. Außerdem wirken sie als Hubschaufeln, indem sie bei der Drehung der Trommel im Verein mit dem Winkeleisen e das über den Rand des Winkeleisens d rieselnde Gut auffangen, emporheben und das oben angelangte Gut wieder in die Trommel niederfallen lassen, Teil f kann auch schräg oder gekrümmt vom Winkeleisen e abgebogen sein.

Bei einer anderen in der Abb. 10 dargestellten Ausführung der Cummerschen Trommel sind die Mantelöffnungen mit nach dem Trommelinnern vorspringenden Kappen versehen. Die Kappen sind knieförmig und mit einer trichterförmigen Mündung versehen, die mit Drahtgaze überspannt ist. Die Kappen sind zwecks Verhütung des Eintrittes von Trockengut am Trommelmantel so mittels Schraubenbolzen angebracht, daß sie mit ihrer Mündung in der Bewegungsrichtung des Trockengutstromes liegen.

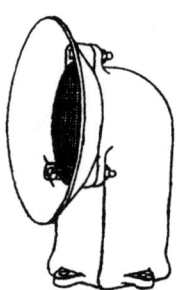

Abb. 10. Trockentrommel von Cummer.

Bei der Benützung von Drahtgittern als Verschluß der Kappen stellten sich indessen verschiedene Nachteile ein. So z. B. versetzten sich die Zwischenräume der Gitter leicht mit breiigem Gut oder mit festen Bestandteilen des Heizmittels.

Cummer ließ deshalb später die Verschlußgitter weg und überdeckte, wie Abb. 11 zeigt, jedes Mundstück c der in das Innere der Trommel a hineinragenden Hauben b mit Schutzkappen d. Die Teile c und d lassen hinreichend Zwischenraum zwischen sich für den Durchtritt von Heizgasen, verhindern aber zufolge ihrer trichterartigen Erweiterung ein Herausfallen des Gutes.

Die vorstehend besprochenen eigenartigen Ausbildungen der Einlaßöffnungen für die Heizgase im Trommelmantel sind mehr oder weniger bei den zahlreichen im Betrieb befindlichen Cummertrommeln praktisch verwertet.

Die Cummerschen Trockenmaschinen leiten ihren Ursprung aus den Vereinigten Staaten von Amerika her. In Deutschland wurden sie bisher von dem Eisenwerk vorm. Nagel & Kaemp A.-G., Hamburg, und von Cummers Patent-Trocken-Gesellschaft m. b. H., Hamburg, gebaut.

Trockentrommel mit Außen- und Innenbeheizung.

Nach Angaben dieser Gesellschaft sind die Maschinen, besonders der Trockner Modell F, auch „Salamander" genannt, in vielen Ländern zum Trocknen von Blut, von tierischen Abfällen aus Schlachthäusern und Fischereibetrieben, von Straßenkehricht und Exkrementen, von Erzeugnissen der chemischen Großindustrie, von Rübenschnitzeln, Brauereitrebern, Brennereischlempe und vielen anderen ähnlichen Stoffen im praktischen Gebrauch. Dieser Trockner soll imstande sein, bis zu 13 kg Wasser mit 1 kg Brennstoff zu verdampfen. Die größte dieser Maschinen kann 2400 bis 3000 kg Wasser stündlich verdunsten. Die Maschinen sollen sehr dauerhaft sein, viele sollen seit zwölf Jahren in ununterbrochenem Gebrauch sich befinden, ohne in dieser Zeit irgendwelcher namhaften Ausbesserung bedurft zu haben.

Eine dieser vielseitig verwendbaren Maschinen ist in der Stadt Glasgow (ca. 820000 Einwohner) zur Trocknung und Verwertung der städtischen Abfallstoffe verwendet worden. Diese Anlage ist insofern bemerkenswert, als das dort getrocknete Gut in hohem Grade explosibel

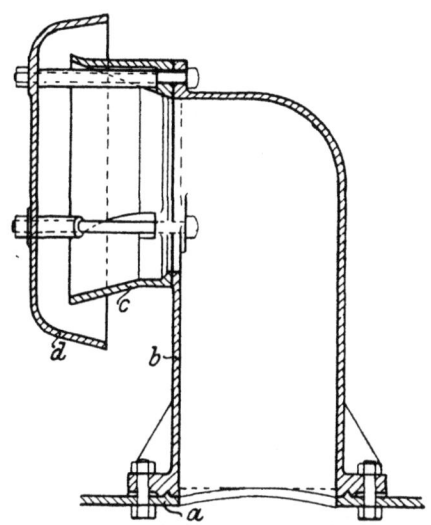

Abb 11.
Trockentrommel von Cummer.

sein soll, da es aus organischen Stoffen in sehr fein verteiltem Zustande besteht. Zu seiner Explosionsgefährlichkeit trägt noch der Umstand bei, daß es zu einem nicht geringen Teil fettreiche Stoffe enthält, welche leicht entflammen und unter starker Wärmeentwicklung verbrennen. Trotz dieser ungünstigen Beschaffenheit des zu trocknenden Kanalschlammes soll bisher mit dem Cummertrockner das Gut ohne Entzündung bis auf $2^1/_2\%$ Feuchtigkeit herab getrocknet worden sein.

In Deutschland haben die Cummertrockner wegen ihrer zufriedenstellenden Arbeitsweise vielfach in staatlichen und privaten Betrieben Eingang gefunden. Sie werden hier vorzugsweise zur Trocknung von Ton, Mergel, Kalkstein, Sand, Ofenschlacke, Erzen und Superphosphat verwendet.

Nach Angabe der Cummer-Patent-Trocknungs-Gesellschaft m. b. H. bedarf das Superphosphat in der Regel keiner Pulverisierung weder vor noch nach der Trocknung in der Trommel. Das Fabrikat ist also fertig für den Markt, sowie es aus dem Trockner kommt. Etwa 440 kg billiger Kleinkohle sollen genügen, um 50 000 kg Superphosphat von Durchschnittsqualität zu trocknen. Die genannte Gesellschaft stellt den Trockner in neun verschiedenen Größen her. Die kleinste Maschine liefert stündlich etwa 1500 kg getrocknetes Superphosphat bei 3 PS Betriebskraft, die größte etwa 13 000 kg bei 15 PS Betriebskraft.

In den letzten Jahren vor dem Kriege haben sich die Cummertrockner zur Salztrocknung in der Kaliindustrie eingeführt und sind in großer Anzahl in Chlorkaliumfabriken in Gebrauch. Bei diesen Salztrocknereien ist im allgemeinen folgende Gesamtanordnung getroffen:

In der Deckstation läuft ein unter dem Fußboden liegendes Band in der Mitte zwischen zwei Reihen von Deckgefäßen, nimmt das gezogene Naßsalz auf und fördert es in eine Speisevorrichtung, die es gleichmäßig in ein offenes Hebewerk speist. Dieses hebt das Naßsalz zusammen mit dem ihm gleichzeitig zugeführten Teil des Trockensalzes (Salzknoten und Knorpel) in einen hochgelegenen Mischer. In diesem wird das Naßsalz sowie das Trockensalz mit Knoten und Knorpeln zu einem losen gleichmäßigen Salzgemisch umgewandelt und durch eine Förderschnecke mit Schurre in den Trockner geschafft. Am entgegengesetzten Ende der Beschickungsvorrichtung der Trockentrommel wird das getrocknete Salz auf ein Sieb gebracht, hier von den wenigen Knoten und Knorpeln befreit, die selbsttätig zum Aufgabehebewerk zurückfließen, und gelangt dann marktfertig in ein geschlossenes Hebewerk, das es in zwei Ladespeicher schüttet. Von den Ladespeichern wird das Salz in Schnabelkippen abgezogen, und dann auf Schienenwagen verwogen und unmittelbar in den Vorratsraum befördert.

Infolge des fast völlig selbsttätigen Betriebes der Cummerschen Salztrockenanlagen soll mit einem einzigen geschickten Arbeiter am Trockner und mit einem zweiten Arbeiter in der Deckstation stündlich die außerordentlich hohe Leistung von 8000 kg trockenen Salzes erreicht werden.

Die vom Eisenwerk vorm. Nagel & Kaemp A.-G. gebauten Cummermaschinen weisen Durchmesser von 1100 bis 1600 mm und Längen von 8000—14 000 mm auf. Sie erzeugen je nach ihrer Größe 3000—15 000 kg trockenes Gut in der Stunde, wobei auf 1 kg Kohle mittlerer Qualität 8 kg verdampftes Wasser kommen.

Gruppe B. Drehbare Trockentrommeln, die durch Einbauten in Trockenabteile geteilt sind.[1])

a) Trockentrommeln mit einer oder mit mehreren inneren konzentrischen Trommeln.

Die Anbringung mehrerer konzentrisch zueinanderliegender Trockentrommeln bezweckt zunächst, auf kleinstem Raum einen möglichst langen Trockenweg für das Gut zu gewinnen.

Besteht die Anlage, was oft der Fall ist, aus zwei konzentrischen Trommeln, so durchläuft das Trockengut meistens erst die innere und dann die äußere Trommel. Das Gut legt also in diesem Falle einen doppelt so langen Weg zurück, als bei der Benutzung nur einer Trommel. Die Beheizung der Trommeln richtet sich naturgemäß in erster Linie nach der Beschaffenheit des zu trocknenden Gutes. Demgemäß bewegen sich die Heizgase entweder im Gleichstrom oder im Gegenstrom oder teils im Gleichstrom, teils im Gegenstrom zur Bewegungsrichtung des Gutes durch die Trommel, wobei ihre Einwirkung auf das Gut eine unmittelbare oder mittelbare sein kann.

Von Trommelanlagen dieser Art sollen zunächst einige Anlagen der Firma Petry & Hecking in Dortmund besprochen werden, die mehr oder weniger in der Praxis Aufnahme gefunden haben. Bei einer dieser Anlagen ist unmittelbare Beheizung der inneren Trommel und mittelbare Beheizung der äußeren Trommel durch Heizgase vorgesehen. In der inneren Trommel wird höhere Temperatur angewendet als in der äußeren Trommel, von dem Gedanken ausgehend, daß Trockengut mit hohem Wassergehalt im Anfang der Trocknung hoch erhitzten Trockengasen ohne Gefahr des Verbrennens ausgesetzt werden kann, während dies gegen Ende der Trocknung nicht der Fall ist. Als mittelbar wirkende Heizmittel für die Nachtrocknung werden Heizgase gemischt mit Abgasen der Innentrommel oder auch nur die Strahlwärme der Innentrommel verwendet. Letzteres geschieht bei der in

---

[1]) Nicht als dazugehörig sind die Röhrentrockner erachtet, bei denen das Trockengut durch ein von einem Mantel umfaßtes Röhrenbündel wandert, dessen einzelne Röhren von Heizgasen bespült werden.

Drehbare Trockentrommeln.

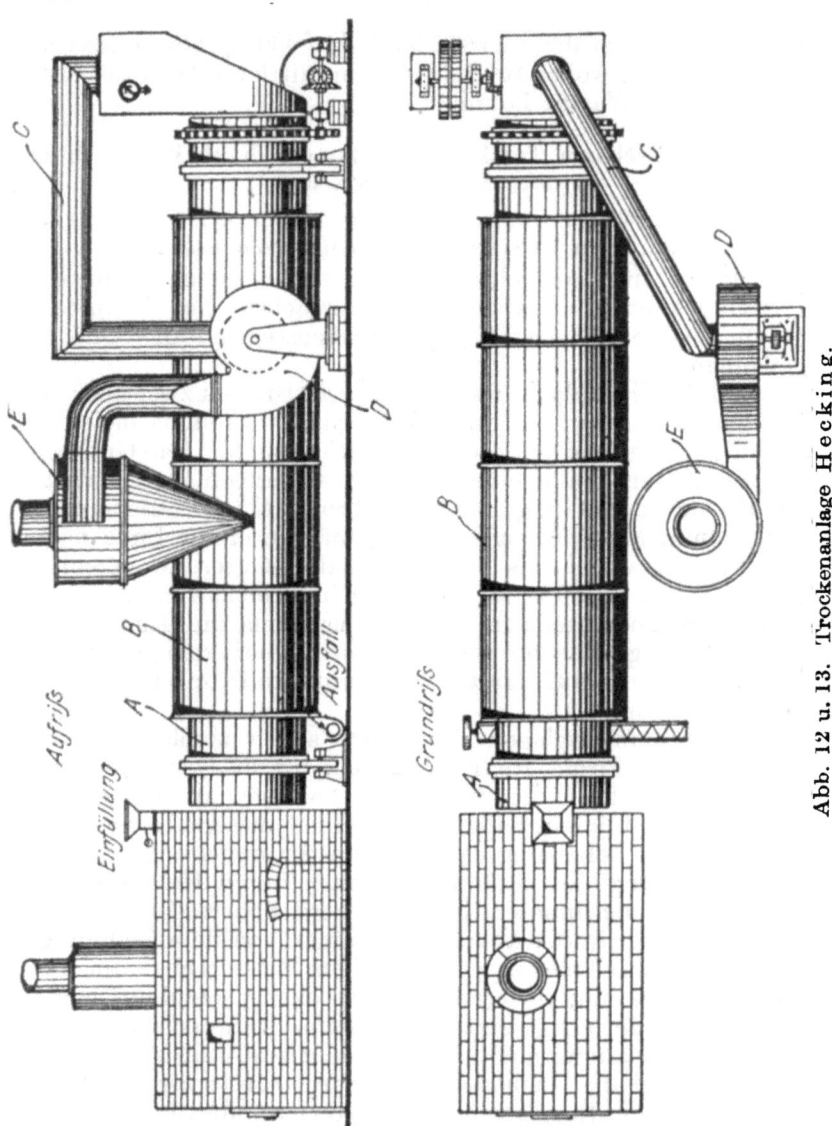

Abb. 12 u. 13. Trockenanlage Hecking.

den Abb. 12, 13 und 14 veranschaulichten Trommelanlage, die in folgender Weise betrieben wird. Das gewaschene und zerkleinerte Gut, z. B. Rüben oder Kartoffeln, wird durch eine Einfüllvorrichtung in die Innentrommel A gebracht, die es

Trockentrommel mit inneren konzentrischen Trommeln.

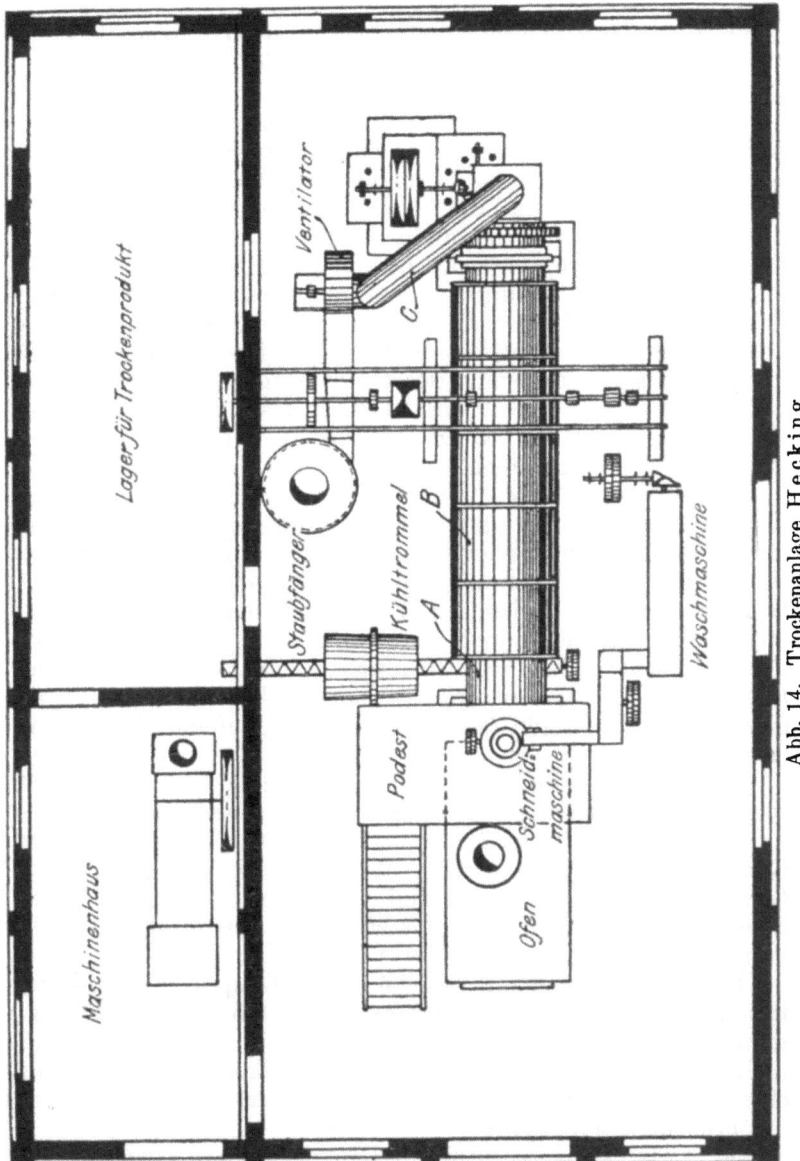

Abb. 14. Trockenanlage Hecking.

mit den Feuergasen gleichgerichtet durchwandert, und in der es bis zu einem Feuchtigkeitsgehalt von 30—40% vorgetrocknet wird. Alsdann trennt es sich von den Heizgasen und wird in der Außentrommel *B* durch die strahlende Wärme der Innentrommel fertig getrocknet. Die Heizgase werden durch Rohr *C* mittels Ventilator *D* abgesaugt und in Staubfänger *E* gereinigt. Bei Trockenanlagen mit dieser Trommel soll eine Wärmeausnützung von 80% festgestellt worden sein. Dieses Ergebnis dürfte wohl im wesentlichen dem Umstande zuzuschreiben sein, daß die Nachtrocknung tatsächlich durch die Abhitze der Innentrommel erfolgt ist.

Bei einem anderen Trockner der genannten Firma findet nur mittelbare Beheizung des Trockengutes statt. Die Mäntel der beiden konzentrischen Trommeln sind Hohlmäntel, die von Heizgasen durchzogen werden. Beide Trommeln sind zwecks leichter Förderung des Gutes entgegengesetzt kegelig gestaltet. Die äußere Trommel steht fest, die innere dreht sich und mit ihr ein Rührwerk zum Aufrühren des Gutes in der äußeren Trommel.

Ein dritter Trockner hat das besondere Kennzeichen, daß das Gut nur in der inneren Trommel getrocknet, in der Außentrommel aber gekühlt wird. Das Gut trennt sich bei seinem Übergang von der Innen- in die Außentrommel von den Heizgasen, die bisher mit ihm im Gleichstrom die Innentrommel durchwandert haben. Es tritt durch eine ringförmige Öffnung des Mantels der Innentrommel in die Außentrommel und durchläuft sie entgegengesetzt der bisherigen Bewegungsrichtung einem Kühlstrom entgegen.

Die Trommeln von Petry & Hecking werden in verschiedenen Größen geliefert. Die größte verdampft innerhalb 24 Stunden ungefähr 1500 kg Wasser. In ihnen wird Gut von 90% Feuchtigkeit mit bestem Erfolg getrocknet. Gewöhnlich wird die Feuchtigkeit bis auf 11—12% ausgetrieben. Jedoch kann auch bis zu einem Feuchtigkeitsgehalt von $1/2\%$ heruntergegangen werden.

Die Eigentümlichkeit einer anderen Gruppe von konzentrischen Trommelanlagen besteht darin, daß deren Trommelmäntel durchlocht sind. Außerdem durchwandert das Gut nicht, wie bei den soeben beschriebenen Anlagen, vollständig eine Trommel nach der anderen, sondern nur absatzweise die einzelnen Trommeln.

So z. B. sieht Ahrens in Rio de Janeiro zwei drehbare durchbrochene konzentrische Trommeln vor, von denen die Außentrommel aus gelochtem Blech oder aus Drahtgaze besteht, während die Innentrommel ringförmige, durch ge-

Trockentrommel mit inneren konzentrischen Trommeln. 33

eignete Schieber regelbare Schlitze hat. Der Zwischenraum zwischen den beiden Trommeln ist durch radiale Längswände in Längskammern geteilt, welche das in dem Zwischenraum befindliche Gut bei Drehung der Trommel hochheben und es durch die ringförmigen Schlitze in die Innentrommel fallen lassen. Hierdurch wird bewirkt, daß das Gut in parallelen, senkrechten Schichten die von Heizgasen durchströmte Innentrommel durchfällt.

Um die Heizgase bei solchen Trommeln möglichst auszunützen, drängt Duisberg die die Innentrommeln durchwandernden Heizgase und Gutschichten möglichst zusammen. Er begrenzt deshalb, wie Abb. 15 zeigt, den Nutzungsraum der inneren, feststehenden Trommel a, die von einer drehbaren Trommel b mit Längswänden c umgeben ist, durch Blechwände d. Die zwischen den Wänden d befindlichen Abschnitte e und f der Trommel a sind durchbrochen. Bei Drehung der Trommel b heben die Längswände c das im Zwischenraum von a und b liegende Gut bis zum Trommelabschnitt e empor, durch dessen Durchbrechungen es durch den von Heizgasen durchflossenen Innenraum der Trommel a herabrieselt. Die Durchbrechungen f lassen das Gut wieder in den Bereich der Außentrommel und der Schaufelwände c gelangen, die es in der angegebenen Weise wieder beeinflussen. Dieses Spiel wiederholt sich so oft, bis das Gut zum Ausgang gelangt ist.

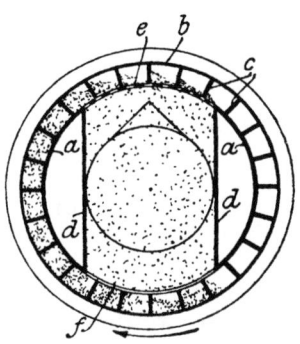

Abb. 15.
Trommel nach Duisberg.

Mit Hilfe von konzentrischen Trommeln kann übrigens Trockengut von verschiedener Korngröße während der Trocknung einer Scheidung nach seiner Korngröße unterworfen werden. Dieses Ziel läßt sich z. B. dadurch erreichen, daß man die innere durchbrochene Trommel kürzer als die äußere undurchbrochene Trommel macht und die Außentrommel im Bereich und außerhalb des Bereiches der Innentrommel mit Entleerungsöffnungen versieht. Das Gut wird in die Innentrommel eingebracht. Bei Drehung der Trommeln wird das feine Gut durchsiebt, fällt auf den Vollmantel der Außentrommel, die es durch die erstgenannten Entleerungsöffnungen verläßt, während das gröbere Korn die Innentrommel durchläuft, dann in die Außentrommel gelangt und getrennt vom Feinkorn durch die anderen Entleerungsöffnungen die Außentrommel verläßt.

b) **Trockentrommeln mit inneren Längsfächern oder Längszellen, auch Fächer- oder Zellentrommeln genannt.**

Mit Fächer- oder Zellentrommeln sollen solche drehbaren Trommeln bezeichnet werden, die durch Längseinsätze in Längsabteile geteilt sind. Die Fächer oder Zellen werden im Gleichstrom oder im Gegenstrom zur Bewegungsrichtung des Gutes von den Heizgasen durchzogen, die meistens unmittelbar auf das Trockengut einwirken.

Eine ausschließlich mittelbare Beheizung, z. B. durch Gruppierung der Trockenzellen um einen mittleren Heizkörper herum, ist wegen der hierbei erfolgenden äußerst mangelhaften Ausnutzung der Heizgase nicht zu empfehlen. Wirtschaftlich vorteilhafter demgegenüber ist eine Anordnung, bei der der mittlere Heizkörper gleichzeitig Trockengut und Heizgase aufnimmt.

Die Trockenzellen sind fast immer in mehreren konzentrischen Kreisen um den Mittelkörper gelegt. Das Gut und die Heizgase durchwandern bei Drehung der Trommel zunächst das Mittelrohr und verteilen sich dann, am Auslaß des Mittelrohres angekommen, auf die Zellen des nächsten Kreises. Für beide kann ein schlangenartig gewundener Weg durch die Trommel fortschreitend von Gruppe zu Gruppe dadurch geschaffen werden, daß die Enden der Zellen der einen Gruppe mit den Zellen der anderen Gruppe in Verbindung stehen.

Soll das Gut vom mittleren Zellenkörper ausgehend einen Zickzackweg durch die Zellen derselben Gruppe vollführen, also bei kleinen Längenabmessungen der Trommel trotzdem einen verhältnismäßig langen Trockenweg zurücklegen, so werden die Zellen derselben Ringgruppe abwechselnd an dem einen und dem anderen Ende der Trommel gegeneinander geöffnet. Außerdem wird in den einzelnen Zellen je eine Förderschnecke mit abwechselnder Steigung eingebaut, so daß das Gut in wechselnder Richtung durch die aufeinanderfolgenden Fächer geschafft wird.

Eine neuere Zellentrommelanlage von Müller & Co. (Abb. 16, 17) ist dadurch bemerkenswert, daß sie die Möglichkeit bietet, das Trockengut beliebig oft durch die Zellen

Trockentrommel mit inneren Längsfächern oder Längszellen. 35

zu schicken. Bei dieser Anlage ist die drehbare Trockentrommel a mit einem zylindrischen oder prismatischen Einsatz b und mit Längswänden c ausgestattet, die den Ringraum zwischen a und b in mehrere an den Enden der Trommel offene Zellen teilen. Die Wände c überragen die beiden Enden des Einsatzes und sind so gebogen, daß sie das vom Trichter d zugeführte Gut aufnehmen und den Zellen zuführen. Schraubenlinig angeordnete Stege e schieben das Gut durch die Zellen nach dem anderen Trommelende. Das aus den Zellen herausfallende Gut wird von den überragenden Enden der Wände c erfaßt und in den Trichter f befördert, der es in den Einsatz b leitet, dessen Schnecke g es nach dem Vorderende der Trommel zurückschafft. Ist bei einer ein-

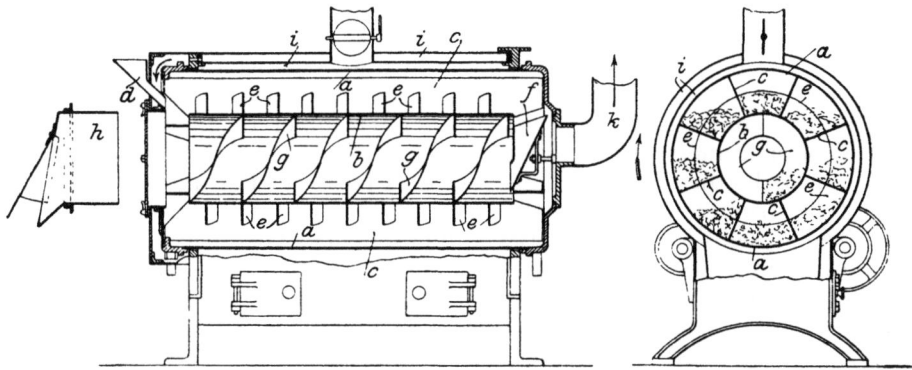

Abb. 16 u. 17. Zellentrommel von Müller & Co.

maligen Durchführung des Trockengutes durch die Zellen und das innere Rohr b eine genügende Trocknung erzielt, so erfolgt die Entleerung ohne weiteres durch den an dem einen Ende des Einsatzes abnehmbar angebrachten, nicht drehbaren Auslaufstutzen h, der durch eine hängende Klappe verschlossen ist, die sich unter dem Druck des den Einsatz verlassenden Gutes öffnet. Ist das zu trocknende Gut dagegen nach einmaligem Durchlauf nicht hinreichend getrocknet, so nimmt man den Stutzen h von dem Einsatz b ab und verschließt die entsprechende Öffnung in der Stirnwand der Trommel durch einen Deckel. Es fällt dann das durch den Einsatz nach dem Beschickungsende der Trommel zurückbeförderte Gut aus dem Einsatz heraus, wird von den Schöpfenden der Wände c in die Zellen gefördert und beginnt von neuem seine Wanderung durch die Zellen und den Ein-

3*

satz. Dieses Spiel wiederholt sich bis zur völligen Trocknung des Gutes. Ist dieser Zeitpunkt erreicht, so erfolgt durch Ansetzen des Auslaufstutzens h an den Einsatz b die Entleerung des Trockners.

Um zu verhüten, daß die Hauptmasse des Trockengutes in ungeteiltem Strom durch die Zellen gleitet, ist es zweckmäßig, die einzelnen Fächerwände in ihrer Radialrichtung und in ihrer Längsrichtung in bezug auf die Trommel wellen- oder zickzackförmig verlaufen zu lassen. Hierdurch wird die Wirkung erzielt, daß die Trockenmasse auf ihrer Wanderung durch die Zellen mehr oder weniger in Häufchen geteilt wird. Die so zerteilte Masse wird demzufolge schneller getrocknet, als wenn sie in ungeteiltem Strom durch die Zellen gleitet.

Zur Herbeiführung einer möglichst innigen Berührung der Heizgase mit dem Gut können die Zellenwände Durchbrechungen erhalten, die so groß sind, daß das Gut durch sie hindurchfällt und bei Drehung der Trommel regenartig im Trommelinnern herabrieselt.

Auch die Firma Moeller & Pfeifer, Berlin, deren Zellentrommeln sich einer außerordentlichen Beliebtheit erfreuen, sieht für die Zellenwandungen Löcher vor. Die Löcher erhalten jedoch einen derartigen Querschnitt, daß nur die kleineren, aber nicht die größeren Stücke durchfallen. Die kleineren, abgeschiedenen, schneller trocknenden Gutteile gelangen bei Drehung der Trommel bald in die äußersten Zellen und bewegen sich auf dem Umfang der Trommel mit größerer Geschwindigkeit dem Ausfall zu, als die in den inneren Zellen zurückgebliebenen größeren Stücke. Man erreicht also, daß die am schnellsten trocknenden Teile auch am schnellsten durch die Trommel sich bewegen. Ferner verwenden Moeller & Pfeifer besondere Sorgfalt auf die Einrichtungen, die eine gleichmäßige Verteilung des Gutes auf die einzelnen Zellen herbeiführen sollen. Denn nur bei gleichmäßiger Verteilung des Trockengutes kann in den Zellen bei sonst tadellosem Betrieb eine gleichmäßige Trocknung des Gutes gewährleistet werden. Zur Erreichung dieses Zweckes sind deshalb nach Abb. 18 am Einfallende der Trommel die Wände der Innenzellen kürzer gehalten als die der äußeren Zellen. Das durch den Trichter a den Mittelzellen im Überschuß zugeführte Gut fällt, soweit es von den Mittelzellen nicht aufgenommen wird, unter den Böschungswinkel des Gutes herab und füllt hierbei die anderen Zellen.

Trockentrommel mit inneren Längsfächern oder Längszellen. 37

Die in der Abb. 19 dargestellte Zellentrommel weist Verteilungsöffnungen b in den oberen Enden der Zellenwände auf, die das durch Trichter a in die äußersten oder innersten Zellen eingeführte Gut in die übrigen Zellen gleiten lassen.

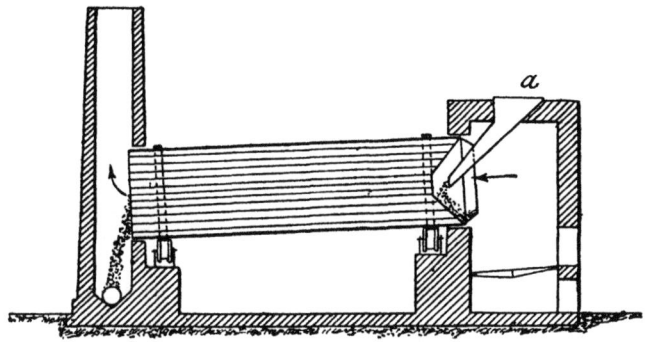

Abb. 18. Zellentrommel von Moeller & Pfeifer.

Weiter geben Moeller & Pfeifer (Abb. 20) den Zellentrommeln am Beschickungsende eine zylindrische Verlängerung a und eine kegelige Verlängerung b. Letztere ist innen mit schraubenförmig gestellten Vorschubwinkeln c besetzt, während erstere bis zur Trommelmitte durchgehende radiale, mit Vorschubleisten e ausgerüstete Wände d aufweist, die das Trommelinnere in mehrere große Zellen teilen. Teil b mit Vorschubleisten dient dazu, ein schnelles Fortschaffen des

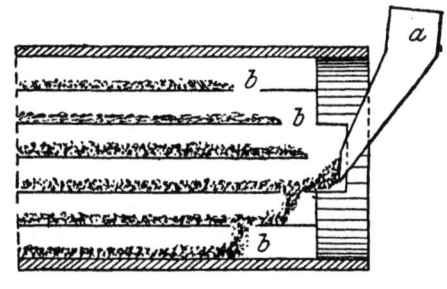

Abb. 19.
Zellentrommel von Moeller & Pfeifer.

Gutes vom Einlauf zu bewirken, während die Verlängerung a nebst Ausrüstung ein gleichmäßiges Füllen der Zellen bewirkt. Um einzelne Zellensegmente leicht und schnell auswechseln zu können, bauen Moeller & Pfeifer neuerdings in die Trommel ein kräftiges Hauptgerippe ein, das mit der Trommel fest vernietet ist. In dieses Hauptgerippe sind die einzelnen Zellenfächer einschiebbar angebracht. Das Hauptgerippe trägt zur Aufnahme der einschiebbaren Zellenwände entsprechende Führungen aus Winkeleisen, Flacheisen oder dgl. Zur Verhütung des Herausfallens der Zellenfächer während des Betriebes sind die Führungszwischenräume durch lösbare Verschlüsse verschlossen.

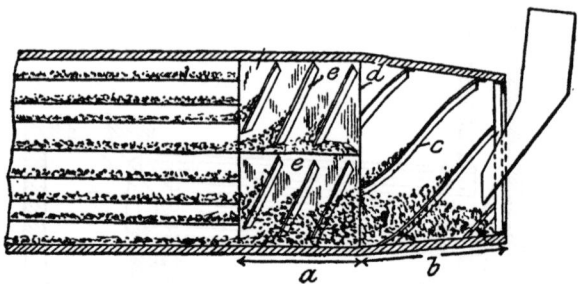

Abb. 20. Zellentrommel von Moeller & Pfeifer.

Die vorstehend besprochenen Eigenarten finden sich mehr oder weniger bei den zahlreich gebauten Zellentrommelanlagen der genannten Firma praktisch verwertet.

Die Trommeln verarbeiten die verschiedensten Stoffe bis zu einem Wassergehalt von 80% und darüber, unter anderen Kalkstein, Ton, Sand, Bimskies, Zementschlamm, Steinkohle, Braunkohle, Torf, Seeschlick, Steinsalz, kohlensaure Magnesia, Kalisalze, Schlämmkreide, Fleischabfälle, Knochen, Salpeter, Blut, Horn, Haare, Lederabfälle, Thomasschlacke, Wiesenkalk, schwefelsaures Ammon, Superphosphate und alle sonst zu trocknenden chemischen Erzeugnisse.

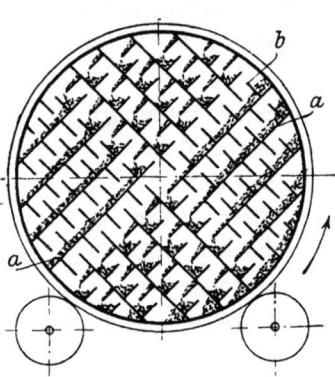

Abb. 21. Rieseltrommel von Ehlers.

Eine nicht unwichtige Rolle, besonders in der landwirtschaftlichen Trockenindustrie, spielt die Ehlerssche Fächertrommel, auch Rieseltrommel genannt, Abb. 21. Bei ihr stehen alle Fächer untereinander in offener Verbindung. Die Trommel ist mit langen, untereinander parallelen Wänden a ausgerüstet, die von Quadrant zu Quadrant um gegeneinander versetzt sind und zu beiden Seiten kurze 90° Wände b tragen, die übereinandergreifen. Der Einbau bewirkt beim Drehen der Trommel ein fortwährendes Wenden

Trockentrommel mit inneren Längsfächern oder Längszellen. 39

und Herabfallen aller Gutteile aus geringer Höhe. Mit dieser Einrichtung wird eine schnelle Trocknung des Gutes und während der Trocknung wenig Staubentwicklung wegen der geringen Fallhöhe des Gutes erzielt.

Diese Trockentrommel wird von der Rheinischen Dampfkessel- und Maschinenfabrik Büttner G. m. b. H., Uerdingen, gebaut.

Auch fahrbar ist die Rieseltrommel (Abb. 22) gemacht, so daß sie sich vorzüglich zum Vermieten seitens Unternehmer oder für Genossenschaften eignet, die den Mitgliedern auf diese Weise ein und denselben Trockner an verschiedenen Orten bequem zur Verfügung stellen können. Ferner ist der

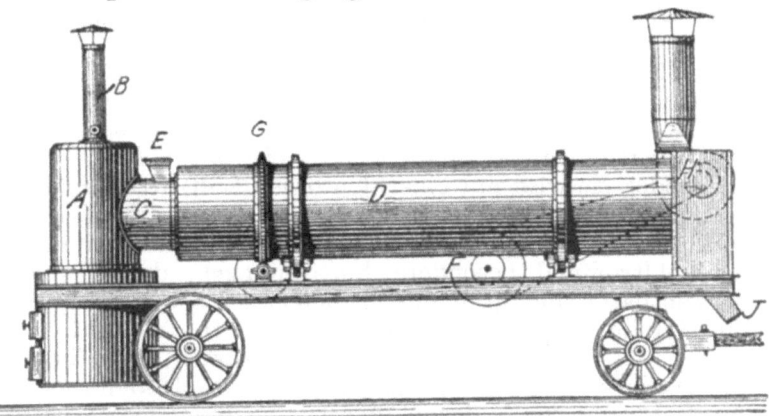

Abb. 22. Fahrbare Rieseltrommel.

fahrbare Trockner am Platze für ausgedehnte Güter, bei denen die großen Entfernungen eine Heranschaffung der zu trocknenden Stoffe zu einer ortsfesten Anlage sehr kostspielig machen würden. Die Firma selbst macht über diesen Trockner folgende Angaben:

Der fahrbare Trockner ist je nach seiner Größe und Schwere auf einen, zwei oder drei Wagen angebracht, von denen der eine die Feuerung, der zweite die Trockentrommel und die Kühltrommel oder nur die Trockentrommel und in letzterem Falle der dritte die Kühltrommel aufnimmt.

Der Feuerungsofen A ist rund, innen mit Chamottesteinen ausgemauert und mit einem abnehmbaren oder umklappbaren Schornstein B versehen. Unmittelbar hinter der Feuerung befindet sich eine verstellbare Einströmungsöffnung für Frischluft, durch die den Feuergasen so viel kalte Luft zugeführt wird, bis man die für die Trocknung der einzelnen Stoffe nötige Temperatur erreicht hat. An dem Ofen ist ein Ansatzstutzen C vorhanden, der an die Einlaufseite der Trommel D paßt, und an diesem Stutzen ist die Einfallschurre E für das nasse Gut angebracht.

Die zu trocknenden Stoffe werden vorher nötigenfalls durch geeignete Maschinen zerkleinert und dann durch ein Hebewerk der Trommel zugeführt. Ihren Antrieb erhält die Trommel von einer Lokomobile durch die Transmission F und ihre Zahnkranzeinrichtung G. Auf derselben Welle sitzt noch eine Scheibe für den Riemen des Ventilators H und auf der anderen Seite des Wagens eine Scheibe für den Antrieb des Hebewerkes.

Die Kühltrommel schließt sich unmittelbar an die Trockentrommel an und läuft mit dieser um. Sie enthält eine ähnliche Inneneinrichtung und läßt das gekühlte sackfertige Trockengut entweder durch eine freie Mittelöffnung ausfallen oder sie wird mit einer den freien Luftzutritt hindernden Schleusenkammer versehen, aus der die Absackung durch den Stutzen J erfolgen kann. Bei dieser Einrichtung erhält die Kühltrommel besondere Luftöffnungen, durch welche der Ventilator die zur Kühlung dienende Frischluft, die mit dem Gut im Gegenstrom in Berührung tritt, ansaugt.

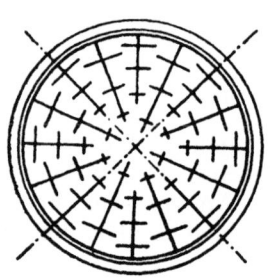

Abb. 23. Rieseltrommel von Gerlach.

Die Trockendauer, die für die einzelnen Stoffe verschieden ist, läßt sich durch eine besondere Vorrichtung jederzeit regeln.

Der Bau von Rieseltrommeln ist in neuerer Zeit von vielen Maschinenfabriken in verschiedenen Ausführungen aufgenommen. So ist z. B. noch hinzuweisen auf eine Rieseltrommel des Eisenwerkes Albert Gerlach-Nordhausen, deren Trommeleinbau aus sternförmig angeordneten radialen Zwischenwänden mit Hubleisten besteht (Abb. 23). Die Zwischenwände mit Hubleisten bewirken eine feine Verteilung und fortwährende Durchmischung des Trockengutes; bei langsamer Umdrehung der Trommel rieselt das über den ganzen Trommelquerschnitt verteilte Gut von einer Zwischenwand zur anderen. Die Flächen des Einbaues sind offen und glatt, so daß das Trocken-

Trockentrommel mit inneren Längsfächern oder Längszellen. 41

gut nirgends hängen bleiben kann; außerdem sind die Zwischenwände des Einbaues in der Längsrichtung der Trommel in ihrer Gesamtheit mehrfach unterbrochen, sodaß freie Zwischenräume in der Querrichtung des Trommelinnern entstehen, in denen sich die Heizgase und Trockengutströme aller Fächer mischen können. Hierdurch wird ein allseitiger Temperaturausgleich von Gut und Heizgasen herbeigeführt, der von erheblichem Einfluß auf die Gleichmäßigkeit des Trockengrades des Gutes ist.

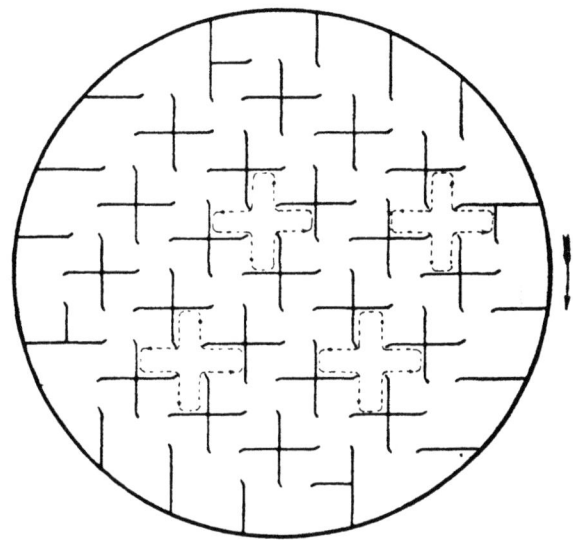

Abb. 23 a. Rieseltrommel von Gerlach.

Jetzt bringt das Eisenwerk Gerlach eine neue Rieseltrommel auf den Markt, deren Eigenart darin besteht, daß, wie die punktierten Linien in Abb. 23a erkennen lassen, bei einmaliger Umdrehung der Trommel eine viermalige freie Abrieselung des zu trocknenden Gutes von den Rieselflächen stattfindet. Der erstrebte Erfolg wird dadurch erzielt, daß der neue Einbau aus Verteilungswänden von kreuzförmigem Querschnitt besteht, die so gegeneinander versetzt sind, daß das zu trocknende Gut bei jeder Trommelumdrehung einen kreuzförmigen Weg zurücklegt. Im allgemeinen übt der Heißluftstrom die beste Trockenwirkung während des Herabrieselns des Naßgutes von den Lagerflächen aus, weil hierbei möglichst viele Teile des Gutes allseitig von den Heizgasen bespült werden. Es erzielt also die Trockentrommel die höchste Trockenwirkung, in der die freie Abrieselung des Trockengutes am häufigsten vor sich geht.

Demzufolge ist der Gerlachschen Trockentrommel mit ihrer viermaligen freien Abrieselung bei jeder Trommelumdrehung eine gewisse Bedeutung nicht abzusprechen.

Als weitere Neuerung besitzen die Gerlachschen Trommeln am Ausgang eine verstellbare Stauvorrichtung für das Trockengut. Die Vorrichtung besteht, wie aus Abb. 23b zu

Abb. 23b. Rieseltrommel von Gerlach.

erkennen ist, aus einem Kranz radial eingebauter verstellbarer Flügel. Die offenen Austrittsspalten zwischen den Flügeln sind je nach ihrer Schrägstellung größer oder kleiner. Die Aufenthaltsdauer des Trockengutes in der Trommel kann daher in gewissen Grenzen von der Schrägstellung der Flügel bestimmt werden, ohne daß dabei der zur Trocknung notwendige Luftdurchzug behindert wird.

c) **Trockentrommeln mit zur Trommellängsachse senkrecht stehenden Querwänden.**

Viele Arten von Trockengut können bei der Trocknung ohne Nachteil bis zu einem bestimmten Feuchtigkeitsgehalt

Trockentrommel mit senkrecht stehenden Querwänden. 43

der unmittelbaren Einwirkung hochtemperierter Heizgase ausgesetzt werden. Ist aber dieser bestimmte Feuchtigkeitsgehalt unterschritten, so treten bei weiterem Einwirken hocherhitzter Trockenmittel leicht eine Schädigung der Eigenschaften des Gutes und unter Umständen eine Entzündung und sogar eine Explosion des Gutes ein. Will man nun bei der Trocknung derartigen Gutes in Trockentrommeln weder den wirtschaftlichen Vorteil der unmittelbaren Einwirkung der Heizgase auf das Gut, noch den Vorteil der Vornahme des gesamten Trockenvorganges in einer einzigen Trommel aufgeben, so kann man mit Hilfe von Trommeln mit senkrechten Querwänden ein zweistufiges Trockenverfahren in der Weise durchführen, daß in der einen Abteilung der Trockentrommel mit einem sehr heißen Trockenmittel vorgetrocknet, in der zweiten Abteilung aber mit einem weniger heißen Trockenmittel fertig getrocknet wird. Die Querwände, welche die einzelnen Trockenstufen voneinander trennen, müssen zur wirksamen Durchführung des zweistufigen Trockenverfahrens so beschaffen sein, daß sie zwar den Durchtritt des Trockengutes von einer in die andere Trockenabteilung gestatten, aber den des Trockenmittels vollständig oder nahezu vollständig verhindern.

Eine Trockentrommel dieser Art ist die in Abb. 24 dargestellte Trockentrommel von Kammerer & Schimansky. Sie ist besonders zum Trocknen von explosivem Gut bestimmt. Die drehbare Trommel a ist durch eine Schnekkenwand b in zwei Teile c und d geteilt. Die Schnecke ist im mittleren Teil e geschlossen und gestattet nur am Umfang dem Gut den Durchtritt. Die in beide Trommelenden i und k eintretenden Trockenmittel werden durch zwei mittlere Rohre g und f mittels Ventilatoren aus der Trommel abgesaugt.

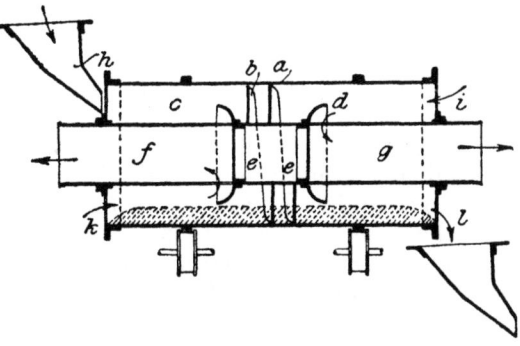

Abb. 24. Trockentrommel von Kammerer & Schimansky.

Zwecks Ausführung des zweistufigen Trockenverfahrens wird in der vorderen Hälfte der Trommel das durch Trichter h eingeführte, noch sehr feuchte Frischgut mit Heizgasen von hoher Temperatur unmittelbar vorgetrocknet, während das in der anderen Trommelhälfte befindliche, bereits vorgetrocknete Gut mit mäßig vorgewärmter Luft fertig getrocknet wird. Die Schneckenscheidewand b verhindert im Verein mit den Saugrohren f und g fast vollständig ein Übertreten des Heizmittels der einen Trockenstufe in die andere.

Tischbein baut in seine in Abb. 25 dargestellte Trockentrommel zwei Scheidewände a und b ein. In dem von ihnen gebildeten Zwischenraum bringt er eine Spirale d an, die das von den Schöpfern e der dem Vortrockenraum zugewandten Wand a aufgenommene Gut zu einem in den Nachtrockenraum mündenden Auslaß f schafft. Wie ohne weiteres

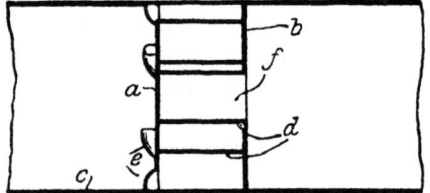

Abb. 25. Trommel von Tischbein.

ersichtlich ist, bilden die in den Spiralwindungen vorhandenen Gutpfropfen einen guten Verschluß gegen ein Übertreten des Trockenmittels von der einen Trockenstufe zur anderen.

Bei einem anderen Stufentrockner, der zwischen den beiden Trockenstufen eine scheibenartige Scheidewand trägt, wird das Gut ebenfalls hauptsächlich nur im vorderen Trommelteil mit Feuergasen unmittelbar in Berührung gebracht. Die abgehenden Feuergase, deren Temperatur nach Durchstreichen der ersten Trockenstufe erheblich erniedrigt ist, werden nun zur mittelbaren Beheizung des die zweite Trockenabteilung durchziehenden Luftstromes benutzt. Dies geschieht in der Weise, daß die Heizgase von einem durch die Scheidewand ragenden Saugrohr aufgenommen werden, das durch den anderen zum Fertigtrocknen dienenden Trommelteil geführt ist. Die Öffnung des Saugrohres ist durch einen Deckel gegen das Eindringen von Trockengut geschützt. In dem Saugrohr liegt ein Luftrohr, dessen Luft von den vorüberstreichenden Heizgasen vorgewärmt und der Fertigtrockenstufe als Trockenmittel zugeführt wird. Um den

Übertritt der Heizgase von einer in die andere Trockenstufe zu verhindern, ist die Scheibe in der Trommel feststehend angebracht und nur im unteren Teil mit einem Ausschnitt versehen, der zwar Trockengut, aber keine Heizgase durchtreten läßt.

Manche Stufentrockner, z. B. den nach Abb. 24, kann man ohne weiteres derart benutzen, daß man durch die eine Abteilung ein Trockenmittel und durch die andere Abteilung ein Kühlmittel streichen läßt. Man erhält auf diese Weise in einer Trommel eine besondere Trockenabteilung und eine besondere Kühlabteilung.

Schlußbetrachtung.

Wenn schon in der Abhandlung nur die wichtigeren Vorschläge zur Verbesserung der drehbaren Trockentrommel gebracht sind, so sind diese doch schon so zahlreich, daß daraus klar hervorgeht, welcher hohe wirtschaftliche Wert in Fachkreisen dieser Trocknerart beigemessen wird. Die Richtigkeit dieser Annahme findet auch ihre Bestätigung durch folgende Angaben: Beispielsweise hat eine einzige Trocknereifirma, Moeller & Pfeifer, Berlin, für chemische Fabriken, Zementfabriken und verwandte Gebiete bis Mitte 1912 allein fast 300 Trommelanlagen für tägliche Einzelleistungen von 6000 bis 1 500 000 kg Trockengut ausgeführt.

Mit welchen gewaltigen Zahlen weiter bei der Trocknung von landwirtschaftlichen Erzeugnissen gegebenenfalls zu rechnen ist, wobei mit Vorteil die drehbare Trockentrommel zu benutzen ist, geht z. B. daraus hervor, daß in Deutschland in normalen Zeiten auf ungefähr 500 000 ha Land 100 Millionen dz Zuckerrübenblätter als Abfall erhalten wurden, die getrocknet ungefähr 25 Millionen dz Trockenfutter bei einem Futterwert von ungefähr 118 Millionen Mark liefern würden.

An Kartoffeln ferner wurden durchschnittlich in den letzten Friedensjahren jährlich 450 Millionen dz geerntet. Mindestens 10% davon gingen jährlich durch Fäulnis während der Lagerung verloren, also 45 Millionen dz. Bei sachgemäßer Trocknung könnten diese 45 Millionen dz vor dem Verderben gerettet und dem Viehfuttermarkt zugeführt werden.

Schließlich seien noch die außerordentlichen Verluste erwähnt, die in den regenreichen Jahren der Getreideernte erwachsen und die schätzungsweise einen Wert bis 250 Millionen Mark jährlich erreichen können. Verdirbt das Korn auch nicht vollständig, so leidet doch seine Backfähigkeit und Keimfähigkeit, wenn es feucht ist und längere Zeit gelagert hat. Durch künstliche Trocknung lassen sich diese Übelstände beseitigen und eine gute marktfähige Ware erzielen.

Diese Angaben über Verluste an Nationalvermögen, die großenteils bei sachgemäßer Anwendung von Trockeneinrichtungen, unter denen die drehbare Trockentrommel mit an erster Stelle steht, zu vermeiden wären, lassen sich leicht noch beliebig vermehren. Sie dürften indessen genügen, um die ungeheuren volkswirtschaftlichen Werte erkennen zu lassen, die durch geeignete Heranziehung der künstlichen Trocknung erhalten und gewonnen werden könnten.

Schon allein im vaterländischen Interesse ist es somit geboten, die Verbreitung und technische Entwicklung der Trocknungsindustrie möglichst zu fördern. Dies gilt besonders für die jetzige Zeit unseres wirtschaftlichen Niederbruchs; denn jeder Zentner geretteten Nährstoffes verringert den Bedarf an ausländischen Nährmitteln und trägt so zur Stärkung unserer tiefgesunkenen Valuta bei.

Springer-Verlag Berlin Heidelberg GmbH

CHEMISCHE APPARATUR
ZEITSCHRIFT FÜR DIE MASCHINELLEN UND APPARATIVEN HILFSMITTEL DER CHEMISCHEN TECHNIK

HERAUSGEBER: Dr. A. J. KIESER

Die „Chemische Apparatur" bildet einen Sammelpunkt für alles Neue und Wichtige auf dem Gebiete der chemischen Großapparatur. Außer rein sachlichen Berichten und kritischen Beurteilungen bringt sie auch selbständige Anregungen und teilt Erfahrungen berufener Fachleute mit. Nach allen Seiten völlig unabhängig, will sie der gesamten chemischen Technik (im weitesten Sinne) dienen, so daß hier Abnehmer wie Lieferanten mit ihren Interessen auf wissenschaftlich-technisch neutralem Boden zusammentreffen und Belehrung und Anregung schöpfen.

Die Zeitschrift behandelt alle für die besonderen Bedürfnisse der chemischen Technik bestimmten Maschinen und Apparate, wie z. B. solche zum Zerkleinern, Mischen, Kneten, Probenehmen, Erhitzen, Kühlen, Trocknen, Schmelzen, Auslaugen, Lösen, Klären, Scheiden, Filtrieren, Kochen, Konzentrieren, Verdampfen, Destillieren, Rektifizieren, Kondensieren, Komprimieren, Absorbieren, Extrahieren, Sterilisieren, Konservieren, Imprägnieren, Messen usw., in **Originalaufsätzen** aus berufener Feder unter Wiedergabe zahlreicher Zeichnungen.

Die Zeitschriften- und Patentschau mit ihren vielen Hunderten von Referaten und Abbildungen sowie die **Umschau** und die **Berichte über Auslandspatente** gestalten die Zeitschrift zu einem

ZENTRALBLATT FÜR DAS GRENZGEBIET VON CHEMIE UND INGENIEURWISSENSCHAFT

Mitteilungen aus der Industrie, Patentanmeldungslisten, Sprechsaal sowie Bücher- und Kataloge-Schau dienen ferner den Zwecken der Zeitschrift.

Alle chemischen und verwandten Fabrikbetriebe, insbesondere deren Betriebsleiter, ferner alle Fabriken und Konstrukteure der genannten Maschinen und Apparate und die Erbauer chemischer Fabrikanlagen, endlich aber auch alle, deren Tätigkeit — in Technik oder Wissenschaft — ein aufmerksames Verfolgen dieses so wichtigen Gebietes erfordert, werden die Zeitschrift mit Nutzen lesen.

Die Zeitschrift erscheint am 10. und 25. eines jeden Monats in Großquartformat und kostet **vierteljährlich** — durch den Buchhandel oder durch die Post bezogen — M. 7.—; fürs Ausland besondere Berechnung.

Probeheft unentgeltlich und postfrei!

Springer-Verlag Berlin Heidelberg GmbH

CHEMISCHE TECHNOLOGIE IN EINZELDARSTELLUNGEN

BEGRÜNDER: \
PROF. DR. Ferd. FISCHER

HERAUSGEBER: \
PROF. DR. ARTHUR BINZ

Bisher erschienene Bände:

Allgemeine chemische Technologie: Filtern und Pressen. Mischen, Rühren, Kneten. Verdampfen und Verkochen. Sicherheitseinrichtungen in chemischen Betrieben. Heizungs- und Lüftungsanlagen in Fabriken. Materialbewegung in chemischen Betrieben. Zerkleinerungsvorrichtungen und Mahlanlagen. Sulfurieren, Alkalischmelze der Sulfosäuren, Esterifizieren. Kolloidchemie. Reduktion und Hydrierung organischer Verbindungen. **Spezielle** chemische Technologie: Kraftgas. Das Wasser. Synthetische Verfahren der Fettindustrie. Schwefelfarbstoffe. Zink und Kadmium. Physikalische und chemische Grundlagen des Eisenhüttenwesens. Kalirohsalze. Ammoniak- und Zyanverbindungen. Mineralfarben. Schwelteere. Azetylen. Leuchtgas. Legierungen.

Ausführliche Prospekte kostenlos!

MONOGRAPHIEN ZUR CHEMISCHEN APPARATUR

HERAUSGEGEBEN VON DR. A. J. KIESER

Außer dem vorliegenden Heft erschienen bisher:

Heft 1: **Die Schaumabscheider als Konstruktionsteile chemischer Apparate.** Ihre Bauart, Arbeitsweise und Wirkung. Von **Hugo Schröder.** Mit 86 Abbildungen. Geheftet M. 7.50 (und 40% Verlags-Teuerungszuschlag).

Heft 3: **Die chemischen Apparate in ihrer Beziehung zur Dampffaßverordnung, zur Reichsgewerbeordnung und den Unfallverhütungsvorschriften der Berufsgenossenschaft der chemischen Industrie.** Von **Hugo Schröder,** Direktor bei Friedr. Heckmann, Berlin. Mit 1 Abb. Geh. M. 7.— (und 40% Verlags-Teuerungszuschlag).

FEUERUNGSTECHNIK

ZEITSCHRIFT FÜR DEN BAU UND BETRIEB FEUERUNGSTECHNISCHER ANLAGEN

SCHRIFTLEITUNG: **DIPL.-ING. DR. P. WANGEMANN**

Erscheint monatlich 2 mal. Vierteljährlich M. 7.—, fürs Ausland besondere Berechnung

Die „Feuerungstechnik" soll eine Sammelstelle sein für alle technischen und wissenschaftlichen Fragen des Feuerungswesens, also: Brennstoffe (feste, flüssige, gasförmige), ihre Untersuchung und Beurteilung, Beförderung und Lagerung, Statistik, Entgasung, Vergasung, Verbrennung Beheizung. — Bestimmt ist sie sowohl für den Konstrukteur und Fabrikanten feuerungstechnischer Anlagen als auch für den betriebsführenden Ingenieur, Chemiker und Besitzer solcher Anlagen.

Probenummern kostenlos vom Verlag!

MIX
Papier aus verantwortungsvollen Quellen
Paper from responsible sources
FSC® C105338

If you have any concerns about our products,
you can contact us on
ProductSafety@springernature.com

In case Publisher is established outside the EU,
the EU authorized representative is:
**Springer Nature Customer Service Center GmbH
Europaplatz 3, 69115 Heidelberg, Germany**

Printed by Libri Plureos GmbH
in Hamburg, Germany